BusinessVillage

MICHAELA STACH

INTERAKTIV

AGIL
MODERIEREN

KONSTRUKTIV

KONKRETE ERGEBNISSE STATT
ENDLOSER DISKUSSION

FLEXIBEL

BusinessVillage

Michala Stach
Agil moderieren
Konkrete Ergebnisse statt endloser Diskussion
1. Auflage 2016
© BusinessVillage GmbH, Göttingen

Bestellnummern
ISBN 978-3-86980-332-6 (Druckausgabe)
ISBN 978-3-86980-333-3 (E-Book, PDF)

Direktbezug www.BusinessVillage.de/bl/984

Bezugs- und Verlagsanschrift
BusinessVillage GmbH
Reinhäuser Landstraße 22
37083 Göttingen
Telefon: +49 (0)5 51 20 99-1 00
Fax: +49 (0)5 51 20 99-1 05
E-Mail: info@businessvillage.de
Web: www.businessvillage.de

Layout und Satz
Sabine Kempke

Illustrationen im Buch
Doris Leddin

Druck und Bindung
www.booksfactory.de

Inhaltsverzeichnis

Über die Autorin

Michaela Stach ist seit 1995 Unternehmerin. Nach zahlreichen fundierten Ausbildungen im Bereich Coaching, Changemanagement, Moderation und Großgruppenmoderation spezialisierte sie sich auf den Schwerpunkt »Systemische Moderation«. Dieser Ansatz verbindet die systemische Haltung und Herangehensweise mit der Methodik der partizipativen Moderation. Aufgrund ihrer auf diesem Gebiet gewonnenen Erkenntnisse gründete sie 2011 die Akademie für Systemische Moderation. Hier finden zweimal jährlich fünfmodulige Zertifikatsausbildungen sowie offene Aufbauseminare und Impulstage für Absolventen statt. Michaela Stach führt darüber hinaus selbst Moderationen in Klein- und Großgruppen durch und vermittelt ihr umfangreiches Moderationswissen in Inhouse-Seminaren.

Kontakt:
Internet: www.akademie-fuer-systemische-moderation.de
E-Mail: Michaela.Stach@akademie-fuer-systemische-moderation.de

Vorwort von Stéphane Etrillard

Unproduktive Meetings und Workshops sind für alle Beteiligten unerfreulich. Unabhängig davon, dass sie ihr Ziel meist verfehlen, bleiben sie auch noch im Gedächtnis der Gesprächspartner haften und reduzieren damit gleich die Erfolgsaussichten zukünftiger Besprechungen. Konstruktiv verlaufende Meetings, die einen Sachverhalt klären, zur Lösung eines Problems beitragen oder die Beteiligten ganz allgemein einen oder auch zwei Schritte weiterbringen, bleiben dagegen positiv in Erinnerung und wirken sich so vorteilhaft auf zukünftige Gespräche aus. Die Beteiligten erkennen, dass Meetings und Workshops echte Resultate und neue Erkenntnisse liefern können, wenn die Besprechungen und Diskussionen ergebnisorientiert verlaufen und eben nicht – was oft der Fall ist – selbst zur problematischen Situation werden.

Für effektive Gruppengespräche braucht es bestimmte Rahmenbedingungen. Diese zu schaffen, ist die Aufgabe des Moderators. Und diese Aufgabe ist durchaus anspruchsvoll. In Besprechungen spiegelt sich oft die Kommunikationskultur des gesamten Unternehmens wider. Das gilt in Anbetracht der modernen Kommunikationsmöglichkeiten in besonderer Weise. Denn mit der Digitalisierung und den daraus resultierenden Arbeitswirklichkeiten gewinnt die Rolle der Kommunikation nochmals an Bedeutung: Wo verstärkt in großen, oft wechselnden Teams Informationen vermittelt und Lösungen gefunden werden müssen, geht es nicht ohne Meetings und Gespräche.

Gespräche fördern die Zusammenarbeit und erhöhen damit die Effizienz der Arbeitsprozesse. Mit der Kommunikation werden wichtige Informationen und Hinweise transportiert. Durch Gespräche im großen und kleinen Kreis nehmen Projekte Konturen an und können schließlich erfolgreich zum Ziel geführt werden. Das ist gerade bei agilem Arbeiten von elementarer Bedeutung.

Effektive Kommunikation ist überaus zielgerichtet und verliert sich nicht in redundanten Nebensächlichkeiten. Auch geht es oft gar nicht ums Reden, sondern fast häufiger noch ums Zuhören, um das Erkennen von Stimmungen, Meinungen und möglichen Widerständen. Und es lohnt sich immer, daran zu denken, wie viel Zeit investiert werden muss, um Fehler oder Missstände zu beheben – und um wie viel geringer dagegen der Aufwand für klärende Gespräche ist.

Der Erfolg eines Meetings oder Workshops ist immer an die Persönlichkeit und das Auftreten des Moderators gekoppelt. Ein souveräner Moderator hat stets das Ganze im Blick, er gibt den Gesprächen die nötige Struktur und weckt die Kreativität der Beteiligten, um gemeinsam die besten Lösungswege zu finden. Das erfordert eine starke und souveräne Persönlichkeit – denn der Moderator leitet die Diskussion, ohne sich selbst dabei in den Vordergrund zu spielen. Sein Ziel ist es, das jeweils beste Ergebnis zu erreichen und eine Atmosphäre zu schaffen, in der alle Beteiligten ihre Fähigkeiten in optimaler Weise einbringen können.

Auch deshalb ist die Haltung des Moderierenden ausschlaggebend für den Verlauf und schließlich den Erfolg eines Meetings oder Workshops. Seine Persönlichkeit und kommunikative Kompetenz entscheiden darüber, ob die Zielsetzungen erreicht werden und in welcher Weise die Diskussion im Gedächtnis der Beteiligten haften bleibt.

Als Leiterin ihres Ausbildungsinstituts für systemische Moderation weiß Michaela Stach, worauf es ankommt, damit Meetings und Workshops den Weg zu Lösungen ebnen, die zudem von einem breiten Commitment getragen werden. Dieses Wissen hat sie für dieses Buch zusammengetragen und in bislang einzigartiger Weise gebündelt.

In einem erfrischenden und immer bei der Sache bleibenden Stil beschreibt sie ebenso umfassend wie prägnant, was genau zu tun ist, damit sich Besprechungen in Gruppen nicht im Kreis drehen, sondern die Sache wirklich voranbringen. Michaela Stach sieht den Moderator als Begleiter auf dem Weg zur Lösung. Erst durch seine Unterstützung, seine kreative Interventionen zum richtigen Zeitpunkt und seine Steuerung des Prozesses wird der Rahmen geschaffen, in dem die Beteiligten ihr Potenzial einbringen und dabei neue Wege entdecken und beschreiten können.

Die Autorin hat ein wichtiges Buch geschrieben, dessen Wert für die Arbeitswelt von heute und morgen kaum überschätzt werden kann. Überall, wo Teams gebildet werden und gemeinsam arbeiten, sind effektive Gruppengespräche ein unersetzbares Instrument der Prozesssteuerung. Michaela Stach beschreibt die verantwortungsvolle Aufgabe der Moderierenden und zeigt, wie sie echte Ergebnisse erzielen. Ich verstehe ihr Buch als Leitfaden, der Antworten auf alle Fragen rund um das Thema Moderation gibt und der ganz auf die Berufspraxis zielt.

Denn letztlich geht es darum, den vielfach erschreckend unproduktiven, fast schon gefürchteten Besprechungen, die sich im Kreis drehen und obendrein kaum Resultate bringen, ein Ende zu bereiten. Mithilfe der systemischen Moderation und eines souveränen Moderators, der die Methode anzuwenden weiß, wird genau das gelingen: Die Beteiligten machen sich auf den Weg, um gemeinsam das gesetzte Ziel zu erreichen.

Mit der systemischen Moderation können Sie viel bewirken!

Ihr

Stéphane Etrillard

Experte für persönliche Souveränität und Unternehmersouveränität
www.etrillard.com

Die Realität der neuen Arbeitswelt

Eingangsbetrachtung

Früher, als die Auszubildenden noch Stift hießen und die klar definierte Aufgabe hatten, pünktlich zur Pause den Leberkäse beim Metzger nebenan abzuholen, als man zum Arbeiten ins Büro und zum Ausruhen nach Hause ging, als die Männer per se für den Job (der damals natürlich noch nicht so hieß) und die Frauen für Haus, Heim und Kind zuständig waren und als die Telefone noch Kabel hatten und im Büro blieben, wenn man dieses verließ, da war sie noch in Ordnung, die gute, alte Arbeitswelt! Wenn Sie jetzt denken: »Echt, gab's das mal – das muss ja eine Ewigkeit her sein!«, gehören Sie ganz klar zur jüngeren Generation. Und wenn Sie das noch erlebt haben, sind Sie nicht zwangsweise steinalt. Dennoch, heute hat sich die Arbeitswelt grundlegend verändert. Spürbar wird das für Arbeitnehmer und Arbeitgeber gleichermaßen:

- Wo wir arbeiten,
- wann wir arbeiten,
- was wir arbeiten und nicht zuletzt auch
- wie wir arbeiten

– das alles ist weit entfernt von dem Verständnis von Arbeit, welches noch vor fünfzehn, zwanzig oder fünfundzwanzig Jahren unsere Gesellschaft prägte. Ein Homeoffice ist für viele Arbeitnehmer heute ganz normal. Und mit dem Büro im familiären Umfeld wandeln sich auch schnell die individuellen Arbeitszeiten. Die Digitalisierung und Vernetzung machen es möglich. Keine Frage, dass sich dadurch auch die Tätigkeiten selbst komplett verändern. Und der Wandel nimmt stetig Fahrt auf.

Das Zukunftsinstitut in Frankfurt hat gleich mehrere Megatrends identifiziert, die sich im engeren oder weiteren Sinn auf unsere Arbeitswelt auswirken. Sicherlich am stärksten beeinflusst der Megatrend »New Work« das Arbeiten von heute und morgen. Die Zukunftsforscher sprechen hier von einer »Neuerfindung der Arbeitswelt«. Geprägt von der digitalen Vernetzung wird die Arbeitswelt von morgen offener, unberechenbarer und weniger trennbar von der Freizeit sein. Flache Hierarchien und Mitspracherecht sind weitere Schlagworte, die die neue Arbeitswelt beschreiben.

Mit Blick auf die globale Ökonomie wird im Megatrend »New Work« ein gewaltiger Umbruch deutlich: Die Rede ist von den aufstrebenden Schwellenländern, die für die westlich dominierte Ökonomie eine immer größere Konkurrenz darstellen. Nicht nur die produzierende Tätigkeit – auch klassische Wissensarbeit kann dort günstiger erledigt werden. »Wir stehen«, so die Zukunftsforscher, »an der Schwelle zu einem Zeitalter, in dem Ökonomie und wirtschaftliches Wachstum primär auf Wissen und Kreativität basieren.« Und genau die Kreativität ist es, die hier das besondere Gewicht hat: Es gilt, den klassischen Wissensarbeiter durch einen »Solution Worker« abzulösen. Dieser unterscheidet sich insbesondere dadurch von seinem Vorgänger, dass er sich Wissen nicht nur aneignet, sondern vor allem nach kreativen Lösungsansätzen sucht. Um hierfür gewappnet zu sein, bedarf es auch der entsprechenden Schlüsselkompetenzen. Ganz vorne sehen die Zukunftsforscher hier Kreativität, Empathie und ganzheitliches Denken (Zukunftsinstitut 2012).

Die Herausforderungen der neuen Arbeitswelt sind es wert, sich intensiv und im Detail damit zu beschäftigen. Hierzu gibt es reichlich Literatur. Und wer den Austausch lieber hautnah mag, findet ein entsprechendes Angebot an Konferenzen und Tagungen. Für mich als systemische Moderatorin ist es wichtig, die Brücke zu schlagen und mir die Frage zu stellen: »Was bedeuten die Anforderungen für morgen für mein Business, für meine eigenen Moderationen, für die Teilnehmer meiner Ausbildungen und Seminare?«

Die erste Erkenntnis ist dabei, dass die Einbeziehung der vielfältigen Kompetenzen und Erfahrungen wichtiger denn je geworden ist:

- Dort wo Ideen geteilt und vernetzt werden, entsteht Kreativität. Ohne diese kreativen Lösungen ist auf Dauer kein wirtschaftlicher Erfolg möglich.
- Junge Menschen wollen verstehen und mitreden. Das gelingt nur, wenn hierfür auch Möglichkeiten und Strukturen geschaffen werden.

Moderationskompetenz gehört also zu den wichtigen Schlüsselqualifikationen der Zukunft. Und das nicht nur für professionelle Moderatoren, die ausschließlich auf diese Aufgabe fokussiert sind, sondern für alle, die im Team Kreativität mobilisieren und gemeinsame Lösungen erreichen möchten.

Die zweite Erkenntnis bezieht sich auf das **Wie**: Wer durch Partizipation zukunftsfähige Ergebnisse erreichen möchte, muss auch sein Vorgehen an die neuen Gegebenheiten anpassen. Es geht also nicht nur darum, die Menschen zu Kreativität zu inspirieren, ihre Ideen zu vernetzen, sie zu beteiligen und mitsprechen zu lassen, sondern es geht auch darum, auf welche Weise wir das tun!

In einer Zeit, in der alles in Bewegung ist, in der sich Ziele und daraus abgeleitete Aufgaben kontinuierlich mitbewegen und in der die Agilität der Perfektion den Rang abgelaufen hat – in solch einer Zeit gilt es auch, das **Wie** des Miteinanders den Herausforderungen der Zukunft anzupassen.

Agil zu moderieren ist eine Zukunftskompetenz, die jede Führungskraft, jeden Projektleiter und jeden moderierenden Mitarbeiter wirkungsvoll dabei unterstützt, mit seinem Team die vielfältigen Ressourcen zu nutzen und gemeinsam erfolgreicher zu sein. Dieses Buch zeigt Ihnen Schritt für Schritt, wie Sie Ihre agile Moderationskompetenz ausbauen, typische Stolpersteine aus dem Weg räumen und die Erfolgsparameter direkt in Ihre Praxis übertragen können.

Ich wünsche Ihnen viel Freude beim Lesen und Ausprobieren!

1.
Alle in einem Boot –
komplexe Fragestellungen
erfordern kollektive Intelligenz

1.1 Was bedeutet es eigentlich, zu moderieren?

Für manche klingt »Moderation« nach Funk und Fernsehen, für andere nach bunten Kärtchen und schlecht schreibenden Stiften und dann gibt es da noch die Dritten.

Nun gehe ich davon aus, dass Sie hier keinen Ratgeber zum Thema »Wie werde ich zum Starmoderator im deutschen Fernsehen« erwarten. Und auch wenn ich fast sicher bin, dass Sie sich schon einmal über schlecht schreibende Stifte geärgert haben (und ich mich erst! Das können Sie mir glauben), bin ich überzeugt, dass Sie zur dritten Kategorie gehören: Zu den Lesern, die in der Moderation die Chance sehen, andere – seien es Mitarbeiter, Kollegen, Vereinsmitglieder, Kunden oder Bürger – aktiv an der Findung neuer Ideen zu beteiligen und sie bei der Entwicklung einer tragfähigen Lösungen zu begleiten und zu unterstützen.

Die Moderation bietet so unendlich viel Potenzial. So war es bereits in den Anfängen, die in den siebziger Jahren lagen. Im Laufe der Jahre wurden die Methoden immer weiter entwickelt und den neuen Gegebenheiten angepasst. Durch die unzähligen Veränderungsprozesse auf der einen und den Ruf nach Partizipation, Sinnhaftigkeit und Agilität auf der anderen Seite ist die moderne Moderation heute nicht nur brandaktuell, sondern auch in entscheidendem Maße zukunftsrelevant.

Lassen Sie uns zunächst einen Blick auf den Kern des partizipativen Arbeitens werfen: Was genau ist gemeint, wenn wir von Moderieren sprechen? Diese Definition aus den Anfängen der Moderation trifft den Kern auch heute noch sehr gut: *»Moderation bedeutet, den Meinungs- und Willensbildungsprozess einer Gruppe zu ermöglichen und zu erleichtern, ohne inhaltlich einzugreifen und zu steuern. Moderatoren sind methodische Helfer, die ihre eigenen Meinungen, Ziele und Wertungen zurückstellen können.«* (Klebert/Schrader/Straub 2006: 81)

Aus dieser Definition leitet sich für den Moderator ein grundlegendes Rollenverständnis ab:

Der Moderator ist der unterstützende Begleiter, nicht der inhaltliche Experte!

Die Verantwortung, die wir als Moderatoren übernehmen, bezieht sich auf den Prozess – also den Weg, auf den sich die Teilnehmer machen, um gemeinsam ein Ziel zu erreichen. Als Moderatoren sind wir methodische Helfer, die ihre eigenen Erfahrungen, Ansichten und Bewertungen hierzu zurückstellen können. Für Führungskräfte und Projektmanager, die intern agieren und es in ihrem Business-Alltag gewohnt sind, ihre Meinung und ihr Wissen in die Waagschale zu werfen, stellt diese Anforderung eine typische Zwickmühlen-Situation dar! Keine Frage, eine harte Nuss. Sicherlich immer wieder herausfordernd – aber nicht unlösbar.

Der Rollenkonflikt des involvierten Moderators

Wichtigste Voraussetzung für den involvierten Moderator ist, dass er sich selbst seiner Rolle immer bewusst ist und diese auch transparent macht. Mit diesem Bewusstsein wird es möglich, den Automatismus des fachlichen Einwurfs auszubremsen und sich, wann immer es möglich ist, bewusst aus inhaltlichen Diskussionen herauszuhalten. Ganz häufig sind die Teammitglieder sowieso viel tiefer im Thema drin. Schließlich sind sie die Experten und bewegen sich tagtäglich in den Tiefen ihres Spezialgebietes. Vertrauen Sie auf das fachliche Know-how Ihrer Mitarbeiter und richten Sie Ihren Fokus gezielt auf die neutrale Steuerung des Prozesses. Keine Frage, dass sich dies am Anfang sowohl für Sie selbst als auch für Ihre Mitarbeiter ungewohnt anfühlen wird – aber so ist das immer, wenn man etwas Neues ausprobiert. Wenn Sie durchhalten, werden Sie überrascht sein, welche beeindruckenden Ergebnisse durch diese Arbeitsweise entstehen können.

Dennoch kann ein fachlicher Einwurf von Zeit zu Zeit nötig sein. Dann kennzeichnen Sie ihn bitte als solchen, indem Sie Ihren inhaltlichen Beitrag deutlich einleiten: »Da ich genau zu diesem Thema letzte Woche mit dem Leiter unserer Produktion gesprochen habe, verlasse ich für einen Moment meine Moderatorenrolle und möchte als Abteilungsleiter hierzu Folgendes ergänzen …«

Damit auch Ihre Teilnehmer immer genau wissen, welchen sprichwörtlichen Hut Sie gerade aufhaben, hilft es, nicht nur verbal, sondern zusätzlich auch durch äußere Faktoren zu kennzeichnen, ob Sie gerade aus der Rolle der Führungskraft oder aber aus der Rolle des Moderators heraus agieren. Leicht durchführbar ist hier der Positionswechsel: Gehen Sie bewusst einen Schritt zur Seite, während Sie Ihren inhaltlichen Beitrag ausführen, und nehmen Sie Ihre ursprüngliche Position wieder ein, wenn Sie wieder in Ihre Moderatorenrolle wechseln. Haben Sie im Unternehmen Baseballmützen mit Ihrem Firmenlogo? Perfekt! Dann setzen Sie diese doch immer dann auf, wenn Sie Ihre Experten-Rolle einnehmen.

Denken Sie immer daran: Die Expertise der Moderatoren liegt in der Begleitung durch den Moderationsprozess. Dies zu beachten ist eine der Grundvoraussetzungen einer erfolgreichen Moderation.

1.2 Ihr authentischer Auftritt als Moderator

»Wie mache ich eine gute Figur als Moderator?« und »Wie gelingt es mir, so überzeugend aufzutreten, dass ich die Teilnehmer mitnehmen und von meiner Idee der Zusammenarbeit in dieser Moderation begeistern kann?« Diese Gedanken tauchen sicherlich bei den meisten auf, bevor sie das erste Mal bewusst in die Rolle des Moderators schlüpfen. Schließlich steht man bei Moderationen sichtbar und präsent vor der Gruppe. Und alleine dadurch wachsen die eigenen Ansprüche und damit logischerweise auch die Befürchtungen und Selbstzweifel.

Vor meiner allerersten offiziellen Moderation war ich so aufgeregt, dass ich, bevor es losging, erst mal zu Baldrian gegriffen habe. Dass diese Moderation im Rahmen einer Großveranstaltung stattfand und um mich herum lauter erfahrene Kollegen zu Gange waren, hat mich dabei nicht wirklich beruhigt. Ich fühlte mich als Nicht-Experten ziemlich unsicher: »Wie soll ich da vorne eine gute Figur machen, wenn jeder Teilnehmer inhaltlich mehr weiß als ich?« Der mentale Wendepunkt kam für mich dann aber durch die Aussage einer lieben Kollegin kurz vor Beginn des Workshops: »Du hast eine tolle Gruppe, ich kenne die noch vom letzten Mal. Die werden gute Ergebnisse erarbeiten!« Es war so ein unbewusstes Aufrütteln und ein Nachjustieren meiner Aufgabe. Und erst dann reflektierte ich noch einmal meine Aufgabe und sagte mir: »Hallo, es geht hier nicht um Dich, nimm Dich mal nicht so ernst!« Das hat mich regelrecht geerdet und mir den Druck genommen. Und was soll ich sagen? Sie haben gut gearbeitet. Und sie haben tolle Ergebnisse festgehalten. Und ich war happy. Zum ersten Mal hatte ich dieses besondere Setting erlebt und war fasziniert. Ich war in der Rolle der Moderatorin angekommen.

Ein Kollege sagte einmal zu mir: »Komm, irgendwo steckt doch in jedem von uns eine Rampensau!« Also mir hat dieser Ausspruch zu denken gegeben. Und das tut er bis heute. Freilich ist es wunderbar, wenn Speaker mit mitreißendem Entertainer-Talent die Bühne rocken. Das kann schon Spaß machen – vor der Bühne und natürlich auch auf der Bühne. Doch das ist eine komplett andere Disziplin. Wir reden hier von Moderation!

Ein Speaker ist gut, wenn er die Bühne einnimmt. Ein Moderator ist gut, wenn er seinen Teilnehmern den Raum gibt.

Erkennen Sie den Unterschied? Nehmen Sie wahr, wie grundverschieden Präsentieren und Moderieren sind? Josef W. Seifert spricht bei den Charakteristika eines Moderators von einer spezifischen Grundhaltung: Der Moderator versteht sich als Helfer, um nicht zu sagen als Diener der Gruppe. Und aus diesem Grundverständnis heraus sagt der Moderator auch nicht, was richtig und was falsch ist. Er hilft vielmehr der Gruppe, ihre Lösungen selbst zu finden. Und vor allen Dingen: Er weiß, dass er nicht alles (besser) weiß (Seifert 2015: 90).

Sind das die Sätze, mit denen Sie eine Rampensau beschreiben würden? Also ich denke nicht! Natürlich bedarf es auch in der Moderation einer guten Portion Selbstsicherheit, um eine kleinere oder größere Gruppe durch eine Besprechung oder einen Workshop zu begleiten, das ist keine Frage. Nur wenn ich Sicherheit ausstrahle, werden sich die Teilnehmer auf mich und meinen Weg einlassen. Und möglicherweise hält der Workshop im Verlauf ja auch die eine oder andere Klippe bereit. Die heißt es dann frühzeitig zu erkennen und sicher zu umschiffen. Auch die Einhaltung von Disziplin ist gefragt. Schließlich gehören Widerstände zum Programm, wenn mehrere und vor allen Dingen unterschiedliche Menschen zusammenarbeiten. Manchmal sind die Ursachen hierfür klein und mit einem einzigen Satz ist die Meeting-Welt schon wieder in Ordnung. Und manchmal bedarf es dann doch einer größeren Anstrengung. (Was genau Sie in solchen Situationen tun können, lesen Sie in Kapitel 9, siehe Seite 211 ff.)

Keine Frage also – das sichere Auftreten gehört zu den Kernkompetenzen eines guten Moderators. Doch hier kommt der Unterschied zur »Rampensau«: Die Sicherheit des Moderators bezieht sich nicht in erster Linie auf die eigene Person. Sie basiert vielmehr auf der Zuversicht, dass ...

... es die Gruppe aus eigener Kraft schaffen wird, gemeinsam zu guten und konstruktiven Lösungen zu gelangen und
... ich als Moderator in den entscheidenden Momenten das Richtige tun werde, um die Gruppe hierbei gut zu unterstützen.

Mir ist es wichtig, dass ich in meinen Moderationen einen so vertrauensvollen und geschützten Rahmen biete, dass sich jeder noch so introvertierte Teilnehmer traut, sich aktiv einzubringen, seine Bedenken und Befindlichkeiten zu artikulieren und an der Entwicklung der Lösungen mitzuwirken. Da ist die Attitüde des Überperformers definitiv fehl am Platze.

Als Moderator darf ich mich zurücknehmen!

Ich sollte stets aufmerksam und präsent sein – aber nie einnehmend. Denn sonst dringe ich in den Raum der Teilnehmer vor. Habe ich diese Grenze erst einmal überschritten, wechsele ich automatisch in den Expertenstatus. Doch genau das konterkariert jede partizipative Moderation!

Dieses Auftreten ist mir an dieser Stelle deshalb so wichtig, weil wir alleine dadurch, dass wir in der Moderation vorne stehen und als »Leiter« durch das Meeting oder den Workshop führen, nahezu automatisch von den Teilnehmern den Expertenstatus zugesprochen bekommen. Das gilt gerade auch für Führungskräfte, die ihre Mitarbeiter durch ein Meeting begleiten. Stehen wir vor einer Gruppe, bekommen wir den Experten-Hut quasi auf dem Silbertablett serviert! Deshalb ist es für den erfolgreichen Verlauf einer Moderation unabdingbar, die eigene Rolle für sich selbst klar vor Augen zu haben, sie darüber hinaus den Teilnehmern transparent zu machen und auf einen dazu passenden und authentischen Auftritt zu achten.

Was nun aber tun, wenn ich den Sinn einer helfenden Haltung wohl verstanden habe, vom Typ her aber eher Richtung Bühnenheld gehe?

In meinem Ausbildungsinstitut habe ich immer wieder Teilnehmer, die bereits sehr umfassend ausgebildet sind und denen die Arbeit mit Gruppen überaus vertraut ist. Ganz konkret hatte ich einen sehr erfolgreichen Trainer, der sich durch die Ausbildung zum systemischen Moderator speziell für die Moderation weiterqualifizieren wollte. Als Trainer war er es gewohnt, Expertenwissen zu vermitteln. Mit einer sehr guten Rhetorik und einem – im positivsten Sinne – einnehmenden Wesen hatte er dazu auch das richtige Handwerkszeug. Es ist nur eine Randnotiz, dass er Flipcharts gestaltete, die an Perfektion nicht zu überbieten waren. Mit diesem für ihn authentischen Auftreten ging er beim ersten Modul in die Moderationsübungen. Seine Mitteilnehmer attestierten ihm eine sehr kompetente und überzeugende Wirkung. Sie gaben aber auch den Hinweis, dass er auf sie für den Moderationskontext zu dominant wirke. Das schüchtert ein. Und obgleich er inhaltlich betonte, dass die Teilnehmer die Experten für das Thema und er lediglich ihr Begleiter sei, nahmen es ihm die anderen nicht ab. Durch seine nonverbale Wirkung hatte er das Experten-Etikett automatisch anheften. Er formulierte dann auch sein ganz persönliches Lernziel für die Ausbildung: Er wollte die Rolle und Verantwortung des Moderators so verinnerlichen, dass er sie gegenüber seinen Teilnehmern nicht nur auf der Tonspur, sondern auch durch sein Auftreten authentisch mit Leben füllen konnte.

Für ihn war es in dieser Situation besonders hilfreich, sich in der Moderatorenrolle ganz bewusst in ein – auch äußerlich – anderes Setting zu begeben. So hat er beispielsweise viel mehr im Sitzen agiert und sich damit sichtbar auf Augenhöhe begeben. Das alleine hatte für die Teilnehmer eine andere Wirkung und ihn selbst hat es an seine Rolle als Moderator erinnert.

1.3 Agil Moderieren – was steckt genau dahinter?

Agil ist in! Ob in der Fachpresse, im Netz oder auf Kongressen – agile Methoden sind omnipräsent. Im Projektmanagement gelten sie als vielversprechende Antwort auf zunehmend komplexer werdende Prozesse. Dabei verhält es sich mit der Agilität nicht anders als mit allen anderen Trends – es reicht nicht, sich einfach ein neues Etikett umzuhängen! Nur wer sich intensiver mit einer neuen Entwicklung auseinandersetzt, kann diese auch erfolgreich mit Leben füllen.

Was bedeutet nun der Anspruch der Agilität für die Moderation?
Agil zu moderieren hat für mich drei elementare Grundvoraussetzungen:

• Umgang mit den Menschen

- Vorgehensweise während der Moderation
- Spontaneität bei ungeplanten Moderationen

Umgang mit den Menschen

Um die Chancen agiler Methoden im Unternehmen nutzen zu können, bedarf es einer Kultur, auf die diese agilen Methoden fruchtbar aufsetzen können. Denn bei agilen Methoden handelt es sich nicht um ein in sich geschlossenes und isoliert zu betrachtendes Verfahren, sondern vielmehr um einen eigenen Denkansatz. Die Art und Weise agil zu arbeiten unterscheidet sich grundlegend vom klassischen Vorgehen. Während die klassische Variante auf eine umfassende, langfristige und detaillierte Planungs-, Entwicklungs- und Erprobungsphase setzt, geht es bei den agilen Methoden um ein dynamisches, sukzessives Umsetzen und kontinuierliches Weiterschreiben eines Planes. »Kurz planen, loslegen, Fehler machen und daraus lernen« heißt die Devise. Ohne ein Miteinander, das geprägt ist von Offenheit und Vertrauen, kann keine konstruktive Fehlerkultur entstehen. Ohne Fehlerkultur jedoch wird Agilität zur Farce. Zu einem Begriff, mit dem man sich Modernität lediglich ans Revers – sprich ans Firmenlogo heften möchte. Funktionieren wird es allerdings nicht.

Wird von Ihnen als Projektleiter oder Führungskraft agiles Handeln erwartet, so können Sie durch Ihr Tun entscheidend dazu beitragen, diese vertrauensvolle und offene Basis zu gestalten und zu prägen. Sind Sie interner oder externer Moderator, so bleibt Ihnen diese Möglichkeit – nein, ich möchte sagen, diese Verantwortung – zumindest während der Vorbereitung, Durchführung und Nachbereitung der Moderation.

Dieses Buch basiert auf den Erkenntnissen der systemischen Moderation. Hier spielt die Haltung des Moderators eine bedeutende Rolle. Im nachfolgenden Kapitel finden Sie wertvolle Erkenntnisse und pragmatische Tipps, wie Sie Ihren eigenen Umgang mit Ihren Teilnehmern reflektieren und optimieren können. Dabei ist es nicht alleine meine Idee, der agilen Moderation ein werteorientiertes Fundament zugrunde zu legen. Auch wenn man bei Agilität möglicherweise sofort an moderne Techniken und innovative Methoden denkt – die Basis des agilen Projektmanagements bildet das sogenannte Agile Manifest, welches 2001 veröffentlicht wurde. Und schon hieraus geht hervor, dass sich Techniken und Methoden nur dann erfolgreich umsetzen lassen, wenn hierfür die richtige Basis gelegt ist. Mehr hierzu finden Sie im Kapitel 7, siehe Seite 175 ff.

Vorgehensweise während der Moderation

Agil zu moderieren bezieht sich nicht nur auf die Moderation von Projekten, die das Etikett »agil« tragen. Der moderne Begriff agil passt vielmehr genau zu einer Vorgehensweise, die die Sinnhaftigkeit des eigenen situativen Handelns in den Vordergrund stellt. Das machen gute Moderatoren nicht erst, seit man von Agilität spricht! Aber wenn ich agil arbeiten möchte, komme ich nicht umhin, mich im Zweifel für den Sinn des Tuns und nicht für den ursprünglich vorgesehenen Moderationsplan zu entscheiden.

Wer agil moderiert, geht keinesfalls blauäugig und unvorbereitet in seine Moderationen. Im Gegenteil! Es gibt hier jede Menge Punkte zu bedenken und im Vorfeld abzuchecken. Aber – und das ist das Entscheidende:

Ein guter Moderator tut in jedem Moment genau das, was ihm in diesem Moment auch als das Sinnvollste erscheint! Und das kann unter Umständen auch mal deutlich vom ursprünglichen Plan abweichen. Um diese Entscheidung treffen zu können, bedarf es Know-how (Wissen grundlegender Techniken und Methoden), Erfahrung (situative Kompetenz) und Intuition (für schnelles, souveränes Agieren).

Ein gutes Stück Know-how bekommen Sie hier in diesem Buch, in weiteren Büchern, die Sie im Literaturhinweis finden und natürlich in Seminaren und Ausbildungen. Ihre persönlichen Erfahrungen machen Sie in jeder Situation, in der Sie sich trauen, Ihr Erlerntes anzuwenden. Und die so wichtige Intuition tragen Sie in sich: Hören Sie auf Ihren Bauch! Er täuscht Sie nicht!

Spontaneität bei ungeplanten Moderationen

Im täglichen Business sind nicht alle Situationen, in denen eine Meeting-Sequenz angebracht und hilfreich ist, im Vorfeld planbar. Hier heißt es, aus der Situation heraus loslegen zu können. Das heißt wie gesagt nicht, dass man künftig die Vorbereitung einfach sein lassen kann, um dann in der jeweiligen Moderationssituation nach bestem Wissen und Gewissen zu improvisieren. Es bedeutet vielmehr, dass man die Chance nutzt, ein ungeplantes Meeting durch Moderationswissen zu einem effizienteren und besseren Ergebnis zu führen! Indem man einen kühlen Kopf bewahrt, elementare Check-Punkte abrufbereit hat und auch in der Anwendung von Tools und Handwerkszeug individuell und spontan auf die Situation und Teilnehmer eingehen kann. Und das, liebe Leserinnen und Leser, ist kein Improvisationstheater. Das ist gelebte Moderationskompetenz.

1.4 In welcher Welt leben wir eigentlich?

»Hurra, ich bin schwanger!« Wie war ich glücklich, als ich die Praxis meiner Frauenärztin verlassen habe. Ich hätte die ganze Welt umarmen können! Und wissen Sie, was der Hammer war? So wie mir erging es ganz vielen! Egal ob ich im Supermarkt um die Ecke oder in der City zum Bummeln war. Und sogar im Urlaub traf ich sie. So etwas Faszinierendes: Ich war schwanger und die ganze Welt mit mir!

Für alle Leser, die ob solch emotionaler Ausbrüche gerade mit dem Kopf schütteln – ich habe möglicherweise auch was für Sie:

Der Leasingvertrag für mein Auto ist vor Kurzem ausgelaufen und so stand bei mir in jüngerer Vergangenheit die Entscheidung für ein neues Fahrzeug an. Mein Cabrio wird nicht mehr gebaut und so galt es, eine Alternative zu finden. Zwei Marken hatte ich in die engere Wahl genommen. Sie wissen, was kommt? Natürlich – ich konnte feststellen, dass genau von diesen beiden Marken unzählige Cabrios auf Deutschlands Straßen unterwegs sind! Welch ein Zufall. Ach, und übrigens – Schwangere gibt es kaum noch.

»Es wird niemals zwei Menschen geben, die zugleich auf die gleiche Art und Weise das Gleiche erleben.«

Sonja Radatz (*1969), Begründerin des relationalen Ansatzes
sowie Eigentümerin und Geschäftsführerin des IRBW in Wien

Jeder von uns trägt seine ganz individuellen Werte, Prägungen und Erfahrungen in sich. Und genau diese Werte, Prägungen und Erfahrungen entscheiden letzten Endes darüber, wie wir andere Menschen, Dinge und Situationen wahrnehmen und bewerten. Jeder betrachtet die Welt aus seiner ganz persönlichen Perspektive. Aus dieser nehmen wir unsere Umwelt wahr. Und jede Perspektive lässt die Umwelt in ihrem ganz individuellen Licht erscheinen. So ist das auch mit Ihren Teammitgliedern, Kunden und Freunden – sie schauen alle auf eine gemeinsame Sache, doch durch die unterschiedlichen Perspektiven sieht jeder etwas ganz anderes.

Die Welt ist eine Unendlichkeit aus möglichen Sinneseindrücken und wir können nur einen kleinen Teil davon wahrnehmen. Und selbst dieser Teil, den wir über unsere Sinnesorgane wahrnehmen können, wird entsprechend den individuellen Einstellungen, Erfahrungen und Interessen noch weiter gefiltert (O'Connor/Seymour 2004: 27). Kein Wunder also, dass mir werdende Mütter derzeit nicht besonders auffallen. Meine beiden Jungs sind schon aus dem Gröbsten raus – und bis das Thema Enkelkinder möglicherweise einmal aktuell wird, geht dann aber doch noch einige Zeit ins Land.

Was ich also sehe, ist nicht die Welt. Es ist mein Modell der Welt!

Der bekannte Kommunikationswissenschaftler Paul Watzlawick unterscheidet zwei Kategorien von Wirklichkeiten (Watzlawick 2015: 142):

Wirklichkeit erster Ordnung	Wirklichkeit zweiter Ordnung
Hierunter versteht er rein physische und daher weitgehend objektiv feststellbare Eigenschaften von Dingen.	Diese bezieht sich auf die Zuschreibung von Sinn und Wert, von mentalen Konzepten und Meinungen.

Folgendes von Watzlawick angeführtes Beispiel verdeutlicht seine Aussage, dass es im Bereich der Wirklichkeit zweiter Ordnung absurd sei, darüber zu streiten, was *wirklich* wirklich ist: »Die Tatsache, dass eine Person ins Wasser sprang und einen Ertrinkenden rettete, lässt sich objektiv feststellen. Ob sie es aus Nächstenliebe, Effekthascherei oder deswegen tat, weil der Gerettete ein Millionär war, dafür gibt es keine objektiven Beweise, sondern nur subjektive Deutungen.« (Watzlawick 2015: 143)

Die objektive Wirklichkeit gibt es also nicht – sie entsteht im Auge des Betrachters. So entstehen zwangsläufig Enttäuschungen. Und diese rühren einzig und allein daher, dass wir Bezeichnungen mit klaren Vorstellungen davon, wie es sein soll, verbinden und davon ausgehen, dass alle anderen ähnlich denken und ähnliche Wertvorstellungen haben wie wir (Radatz 2003: 33).

Fragen Sie doch einmal zehn unterschiedliche Menschen, was für sie der Inbegriff eines *guten Jobs* ist. Sie werden unter Garantie zehn verschiedene Antworten erhalten. Während es den einen um einen sicheren Arbeitsplatz geht, führen die anderen Geld und Status an und wieder andere lieben Sinnhaftigkeit, Gestaltungsspielraum und Freiheit. Wenn wir also von einem guten Job sprechen, sprechen wir mit dem identischen Begriff und haben doch ein ganz anderes Verständnis davon und ein entsprechendes Bild vor Augen. Und wer will sich anmaßen zu entscheiden, welche dieser Antworten die richtige ist?

Mit der Annahme, dass jede Wirklichkeit im Auge des Betrachters entsteht, prägt sich eine Toleranz aus, die uns als Moderatoren dabei unterstützt, wertschätzend und offen mit unseren Teilnehmern umzugehen. Sich dieser

Vielfalt und Individualität einer Gruppe bewusst zu sein und ihr tolerant gegenüberzustehen, ist ein erster wichtiger Schritt. Entscheidend aber ist der darauffolgende zweite: Als Moderator sollten wir uns auch gerne darauf einlassen! Denn durch die unterschiedlichen Perspektiven wird die Sicht auf eine Sache viel breiter. Das macht es zunächst nicht unbedingt einfacher, das ist schon klar. Aber sinnvoller! Und interessant obendrein.

Ohne die Überzeugung, dass die Mitarbeiter, Kollegen, Projektpartner oder Familienmitglieder einen bereichernden Beitrag zur Lösung einer Fragestellung leisten können, wird echte Beteiligung auch schwer gelingen. Denn die Haltung des Moderierenden ist ausschlaggebend für den Verlauf und auch den Erfolg des Meetings beziehungsweise des Workshops.

1.5 Das Ganze im Blick

Stellen Sie sich folgende Geschichte einmal vor:
Es ist Jahreswechsel. Und mit dem 1. Januar beginnen Sie nicht nur ein neues Jahr, sondern auch eine neue berufliche Herausforderung als Führungskraft bei einem anderen Arbeitgeber. Damit ändert sich natürlich für Sie jede Menge. Aber nicht nur für Sie persönlich. Denken Sie beispielsweise an Ihre alten Kollegen. Sie müssen sich im Team neu organisieren, können nicht mehr auf Ihre Expertise in einem ganz speziellen Fachbereich bauen, sondern müssen diese Themen nun selbst bearbeiten und lösen, denn leider hat Ihre Nachfolgerin genau dieses Fachwissen nicht – dafür bringt sie aber durch ihre vorherige Tätigkeit ein profundes Marketing-Know-how mit, was dem Team spürbar gut tut.

Und auch bei Ihren neuen Kollegen wird hier so manches durcheinandergewirbelt. Als ihre neue Vorgesetzte möchten Sie dort einen partizipativen Führungsstil einführen. Damit tun sich die Mitarbeiter anfangs schwer, denn Ihr Vorgänger war sehr direktiv unterwegs.

Klar freut sich die Familie, dass Sie jetzt einen Firmenwagen fahren. Schließlich macht das neue Fahrzeug schon einiges her. Das sieht sogar so gut aus, dass die Nachbarin neidisch wird und Sie das auch spüren lässt. Und auch eine weitere Herausforderung gilt es zu bewältigen: Da Ihr Ehemann zwar damit fahren darf, die Kinder allerdings nicht, müssen Sie jetzt auf einmal eine neue Lösung für Ihren neunzehnjährigen Sohn finden. Aber bevor ich jetzt die Auswirkungen auf die Freundin Ihres Sprösslings ausführe, ende ich an dieser Stelle.

Sie haben längst erkannt, auf was ich hinaus möchte:

»Alles, was wir tun, hat wechselseitigen Einfluss!«

Sonja Radatz (*1969), Begründerin des relationalen Ansatzes
sowie Eigentümerin und Geschäftsführerin des IRBW in Wien

Verdeutlicht wird das gerne mit dem Symbol des Mobiles. Wenn Sie eine Stelle anstoßen, gerät das Ganze in Bewegung. Möglicherweise wirkt die Bewegung auf das eine Element stärker als auf das andere. Aber tangiert sind alle davon.

Mit dieser Betrachtungsweise verabschieden wir uns vom eindimensionalen »Ursachen-Wirkung-Denken«. Hier geht es vielmehr um die Dynamik und die Wechselwirkungen innerhalb des gesamten Systems. Keine Handlung bleibt ohne Auswirkung. Diese Erkenntnis lässt uns anders an die Vorbereitung und Durchführung einer Moderation herangehen. Bereits im Vorfeld kann ich mir – oder meinem Auftraggeber – die Frage stellen: Haben wir denn bei der geplanten Moderation alle an Bord?

In einem Workshop, den ich kürzlich für einen Kunden moderiert habe, ging es um die Unternehmenskultur. Es war geplant, an einen bereits angestoßenen Werteprozess anzuknüpfen und die Arbeit nun mit einer größeren Gruppe weiter zu vertiefen und mit Leben zu füllen. Die beiden

Verantwortlichen aus der Personalabteilung hatten bereits eine hervorragende Vorarbeit geleistet und in der Vorbesprechung ging es nun um die konkreten Details. Hierzu gehörte unter anderem die Zusammensetzung der Teilnehmergruppe. Bei Moderationen zu Themen, die das ganze Unternehmen betreffen, ist es mir immer besonders wichtig, dass auch während des Workshops durch die Zusammensetzung der Teilnehmer das ganze Unternehmen abgebildet ist. Und tatsächlich hatten die beiden schon nahezu perfekt vorgearbeitet. Sie hatten sowohl an den Betriebsrat als auch an unterschiedliche Fachbereiche und Hierarchieebenen gedacht. Eines war aber noch nicht geklärt: »Wie sieht es mit der Geschäftsführung aus?« Gerade zum Thema Unternehmenskultur ist für mich die Mitarbeit der Geschäftsführung unabdingbar. Denn sie sitzen symbolisch gesprochen an der zentralen Stelle des Mobiles. Sind sie nicht involviert und gestalten sie die Arbeit an der Unternehmenskultur nicht aktiv mit, ist genau diese Auswirkung zu spüren. In diesem Fall wäre es kein kräftiges Rütteln, sondern vielmehr eine Lähmung: Die anderen Beteiligten könnten zappeln, wie sie wollten – bewegen könnten sie jedoch nichts. Ich bin im konkreten Fall übrigens sowohl bei meinen Ansprechpartnerinnen als auch bei der Geschäftsführung auf offene Ohren gestoßen. Und so ist das tatsächlich häufig. Der Knackpunkt ist nur – als Moderator muss man genau an diese Dinge im Vorfeld denken! Ich hatte auch schon den umgedrehten Fall, ebenfalls zum Thema »Unternehmenskultur«. Dabei war zwar klar, dass die Geschäftsführung dabei sein würde. Aber an das letzte Glied der Kette hatte man im Vorfeld nicht gedacht. Und das waren die Müllkutscher eines Entsorgungsunternehmens. Ich konnte meinen Ansprechpartner auch in diesem Fall überzeugen. Und was soll ich Ihnen sagen: Das war eine Veranstaltung mit echtem Gänsehaut-Feeling! Die Mitarbeiter fühlten sich nicht nur sehr wertgeschätzt, sondern konnten auch wertvolle und vor allen Dingen praxisnahe Beiträge leisten.

Das Bewusstsein, dass keine Handlung ohne Auswirkungen bleibt, spielt auch eine Rolle, wenn wir uns mit der Durchführung der Moderation beschäftigen. Denn die Auswirkung dessen, was im Meeting oder Workshop vereinbart wird, reicht häufig über den Verantwortungsbereich der Teilnehmenden hinaus. Von einer Änderung in der Organisation der Zusammenarbeit in einem Projektteam sind möglicherweise auch die eigentlichen Abteilungen der Projektmitarbeiter betroffen. Und dann gibt es da natürlich auch noch Kunden und Lieferanten ...

Mit dem symbolischen Mobile vor Augen fällt es leichter, Auswirkungen zu antizipieren. Hat man das Ganze im Blick, weitet sich der eigene Horizont um die Perspektiven anderer Beteiligter. So entstehen einerseits ganz neue Gedanken und Ideen. Und andererseits lassen sich Fallen, in die man möglicherweise hineintreten könnte, im Vorfeld erkennen und umgehen.

Ein gutes Tool, um in Ihren Moderationen genau das zu tun, bieten Ihnen Fragestellungen »mit dem Blick der Partner«. Mehr hierzu finden Sie im Kapitel 4.5, siehe Seite 103 ff.

1.6 Wer konkrete Ergebnisse möchte, braucht konkrete Ansätze und Veränderungsbereitschaft

Warten Sie schon ganz gespannt, wann es denn nun losgeht mit den Erfolgsregeln der Gesprächsführung? Konkrete Ergebnisse statt endloser Diskussion – das verspricht ja schließlich schon der Untertitel dieses Buches! Ja, stimmt. Und die sind auch in der Tat möglich. Doch Sie werden auch in diesem Buch kein Wundermittel finden, mit dem Sie Ihre Besprechungen so machen wie bisher – nur eben viel effizienter.

Zwei Regeln für Ergebnisse statt endloser Diskussionen in Besprechungen:

1. Vermeiden Sie typische Diskussionen. Es gibt konstruktivere Wege des Austausches. Seien Sie anders!
2. Wenden Sie neue Methoden und Werkzeuge auch tatsächlich an. Es zählt nur das Tun!

Und zwar genau in der Reihenfolge. Denn soviel ist sicher – wenn Sie konkrete Ergebnisse ausschließlich durch Diskussionen auf der Tonspur erreichen wollen, dann haben Sie einen harten Weg vor sich. Und Sie machen sich zu allem Überfluss das Meeting-Leben unnötig schwer! Die gute Nachricht ist: Es geht auch anders. Dieses Buch zeigt Ihnen, wie Sie Ihre kleinen Besprechungen und großen Workshops durch situativ und agil einsetzbare Werkzeuge so gestalten, dass Sie nicht nur erfolgreicher, sondern auch effizienter werden. Soviel zum Thema: **anders**. Und jetzt geht's ums **Machen**:

Das Neue funktioniert – wenn Sie es tun!
Mit dem Tun ist das ja immer so eine Sache. Wenn wir eigentlich etwas verändern möchten, dann meldet sich da gerne unsere innere Stimme zu Wort. Und die geht dabei ganz schön clever vor. Denn mit einem virtuellen Schulterklopfen bestätigt sie uns zunächst natürlich, dass das ja prinzipiell eine super Sache ist und auch gemacht werden sollte: »Aber vielleicht besser beim nächsten Mal. Na ja, schließlich stehen für das heutige Meeting so viele Themen an ... Da handhaben wir es doch besser, wie wir es gewohnt sind und sprechen unsere Punkte nacheinander durch. Auch wenn es bestimmt wieder ewig dauert und wir uns das eine oder andere Mal sicher auch im Kreis drehen werden. Aber so kennen wir es. Da sind wir auf der sicheren Seite! Aber beim nächsten Termin, also vorausgesetzt es steht nicht ganz so viel an, da probieren wir es dann auf jeden Fall einmal – denn im Prinzip ist das ja echt eine super Sache!«

Kennen Sie das auch? Also ich gebe es offen zu – mein kleiner Mann im Ohr meldet sich auch immer mal wieder zu Wort. Manchmal nervt er und ich muss mich vehement gegen ihn durchsetzen. Aber ab und zu bewahrt er mich auch vor (mitunter unnötigen) Anstrengungen und das kann durchaus entspannend sein. Diese innere Stimme ist unser Beharrungsvermögen. Das verbreitet zwar immer mal wieder heimelige Gemütlichkeit, ist gleichzeitig aber der größte Hemmschuh, wenn es um Veränderungen geht! Besonders gut bringt es die »Change Formula« auf den Punkt, welche Richard Beckhard gemeinsam mit David Gleicher entwickelt und 1987 erstmals zusammen mit Reuben Harris veröffentlicht hat (Hinnen/Krummenacher 2012: 86):

Wandel = U × V × E > B

U = Unzufriedenheit mit dem momentanen Zustand
V = Vision davon, was möglich wäre.
E = Erste konkrete Schritte hin zu dieser Vision

Wenn das Produkt dieser drei Faktoren größer ist als das **B** = Beharrungsvermögen, dann ist Veränderung möglich. Man braucht kein Mathegenie zu sein, um die Konsequenz abzuleiten: Multipliziert man eine Zahl mit 0, ist auch das Ergebnis immer 0. Wenn also bei der Unzufriedenheit, der Vision oder den ersten Schritten eine Null steht, wird das Beharrungsvermögen immer größer sein!

Dies bedeutet konkret:

Keine Veränderung bei geringer Unzufriedenheit
Veränderungen sind immer mit einer gewissen Anstrengung verbunden. Sofern keine oder nur eine geringe Unzufriedenheit mit der aktuellen Situation besteht, sieht kein Mensch Sinn darin, diese Anstrengung auf sich zu nehmen.

Keine Veränderung ohne Vision
Wenn ich zwar unzufrieden bin, aber keine Vorstellung davon habe, wie die Wunschvorstellung aussehen soll, dann werde ich sicherlich irgendwelche kleinen Schritte gehen. Aber hier liegt die Betonung auf irgendwelche. Zielführend ist das dann nicht zwangsweise. Man verirrt sich hier gerne in blindem Aktionismus.

Keine Veränderung ohne erste Schritte

»Auch der längste Marsch beginnt mit dem ersten Schritt.«

Laozi (6. Jahrhundert v. Chr.), chinesischer Philosoph

Wie viel wir auch immer ändern wollen – wir müssen irgendwann mit dem ersten Schritt beginnen. Und genau diesen Schritt gilt es zu kennen. Und zu gehen. Wenn ich keine Idee habe, auf welchen Wegen ich mich meinem Ziel nähern kann, ist jede Vision ein Hirngespinst und mein Beharrungsvermögen wird mich vor dieser Dummheit bewahren.

Ich habe diese Formel während meiner Weiterbildung als Großgruppenmoderatorin beim Frischen Wind in der Schweiz kennengelernt. Sie ist mir zum hilfreichen Begleiter bei der Moderation in Veränderungsprozessen geworden. Darüber hinaus lässt sie sich aber auch so wunderbar und treffend für ganz persönliche Veränderungen anwenden. Spielen Sie diese Formel mal durch, wenn Sie eigentlich abnehmen möchten ... Sie könnten eine durchaus erleuchtende Erkenntnis bekommen.

Wenn Sie nun dieses Buch in Händen halten, weil Sie Ihre Meetings und Workshops auf eine neue Art und Weise leiten möchten, dann geht damit eine Veränderung einher. Eine Veränderung, mit der Sie auch auf Widerstand stoßen werden. Sei es von außen. Sei es in Form des eigenen Beharrungsvermögens.

Widerstand von außen zeigt sich in Form von Störungen. Denen können Sie souverän begegnen, wenn Sie selbst überzeugt von Ihrem Vorgehen sind. Wie genau Sie Störungen erkennen und ausräumen, lesen Sie im Kapitel 9, siehe Seite 211 ff.

Den möglichen inneren Widerstand in Form von Beharrungsvermögen können nur Sie selbst lösen. Und eins ist auch klar: Er lässt sich sicherlich nicht dadurch aufheben, dass Sie mit Ihrer inneren Stimme hadern. Das schadet nur Ihrem Ego und lässt Sie unzufrieden und frustriert zurück.

Konstruktiv arbeiten Sie mit Ihrem inneren Widerstand, indem Sie sich der anderen Waagschale widmen: Wenn es eine eigene Unzufriedenheit gibt, dann muss man sich die mitunter auch schonungslos bewusst machen. Und wenn es Ihnen dann gelingt, bei den Themen Vision und erste Schritte eine Schippe zuzulegen, dann lässt sich garantiert auch Ihr Beharrungsvermögen überzeugen.

Es kann gut sein, dass der eine oder andere von Ihnen die **Unzufriedenheit** mit den Ergebnissen oder der Durchführung von Meetings aktuell durchaus erlebt und möglicherweise genau dies der Beweggrund ist, dieses Buch zu lesen. Neben dem persönlichen Gefühl, dass Endlosdiskussionen nervenraubend sind und unnötig Zeit kosten, spielt im Unternehmenskontext darüber hinaus auch die betriebswirtschaftliche Seite eine ganz entscheidende Rolle. Denn ob externer Moderator (= bewusste Investition) oder interner Moderator (= unbewusste Investition) – wenn Sie schon alleine die Gehaltskosten der Teilnehmer während der Besprechungs- oder Workshopzeit betrachten, wird jedes Meeting automatisch zu einem bedeutenden Kostenfaktor. Dessen sollte man sich durchaus bewusst sein.

Für jede Veränderung braucht es eine Vision. Also eine möglichst bildhafte und erstrebenswerte Vorstellung davon, wie er denn aussehen würde, der Idealfall. Diese Vision ist Antreiber und Motivator im Prozess. Und genau das braucht es für eine Veränderung! Denn die Umsetzung der Veränderung, also das Neulernen und Implementieren einer neuen Art der Zusammenarbeit, geht nicht ohne Rückschläge. Hat man aber eine motivierende Vision vor Augen, werden vermeintliche Rückschläge zu wertvollen Lernerfahrungen.

Sie überstürzt loslegen, lassen Sie sich noch einmal bewusst auf Ihre
von effizienten, wertschätzenden Besprechungen und Workshops

- Was ist das Beste daran?
- Was wird dadurch möglich?
- Wie geht es Ihnen damit?

Und wenn Sie dann das Gefühl haben: »Ja, das möchte ich, das ist wirklich erstrebenswert und bringt mir Freude und Erfolg«, dann haben Sie die
besten Voraussetzungen, um die metaphorischen Stiefel zu schnüren.

Wenn Sie jetzt noch die konkreten **ersten Schritte** kennen, die Ihre Vision Stück für Stück Wirklichkeit werden lassen, dann können Sie auch
tatsächlich losmarschieren. Und diese ersten Schritte, die möchte ich in
diesem Buch gemeinsam mit Ihnen gehen!

Die nachfolgenden Kapitel sind bewusst so aufgebaut, dass sie Ihnen immer
pragmatische Häppchen anbieten, die Sie im Vorfeld Ihrer Besprechungen
genau wie auch bei der Durchführung direkt anwenden und ausprobieren
können. Sie müssen nicht erst das ganze Buch durchlesen und Ihre bis-
herige Vorgehensweise von heute auf morgen komplett über den Haufen
werfen. Gönnen Sie sich homöopathische Dosen! Und freuen Sie sich auf
die Erfahrungen, die Sie dabei machen werden.

Es kostet sicherlich ein wenig Überwindung, das gewohnte Setting zu verlassen und neue Ideen und Herangehensweisen auszuprobieren. Aber wenn
Sie es ausprobieren, werden Sie direkt feststellen, dass sich etwas bewegt.
Lassen Sie sich überraschen! Und nutzen Sie Ihre Erfolgserlebnisse als Mo-
tivationsschub für weitere Schritte.

Es bedarf immer ein wenig Überwindung, das gewohnte Setting zu verlassen.

Das ist normal, doch nur wenn Sie neue Wege probieren, werden Sie feststellen, dass sich etwas bewegt. Lassen Sie sich überraschen! Fast immer funktionieren die ersten Schritte besser als man glaubt. Nutzen Sie dann Ihre Erfolgserlebnisse als weiteren Motivationsturbo.

Ihr wichtigster Erfolgsfaktor ist hierbei Ihre ganz persönliche Einstellung. Wenn Sie der Überzeugung sind, dass eine neue Herangehensweise Ihr Team zu konkreten Ergebnissen führen kann, dann werden Sie genau diese Haltung ausstrahlen und damit Ihre Teilnehmer auch mit ins Boot holen.

2.
Moderationscheck in der Praxis

2.1 Moderationscheck: Sind alle bereit für eine konstruktive Moderation?

Kennen Sie das? Sie kommen morgens ins Großraumbüro und spüren sofort: »Holla die Waldfee, hier ist aber mächtig dicke Luft!« Ob Sie es nun an den Blicken festmachen, die durch den Raum schießen oder daran, dass sich hier eigentlich gar keiner anschaut – meist trügt Sie Ihr erster Eindruck nicht. Zu allem Übel trifft uns diese Stimmung häufig unvorbereitet und konterkariert mal eben unsere eigenen Pläne. Nichts war's mit dem entspannten Arbeiten im gemeinsamen Büro. Schade eigentlich.

Keine Frage – genauso kann es Ihnen gehen, wenn Sie als externer oder interner Moderator in einen Workshop kommen oder im Team ein Meeting leiten möchten. Dass dies dann auch Ihre Pläne kurzerhand über den Haufen wirft, können Sie sich lebhaft vorstellen. Beste Voraussetzungen für eine gelungene Moderation sehen anders aus. Nun kann es ja sein, dass diese dicke Luft situative Ursachen hat und mit Geschick und Gespür auch rasch wieder aufzulösen ist. Oder aber die Ursachen liegen tiefer und Sie merken schnell, dass eine konstruktive, zielorientierte Arbeit auf dieser Basis nicht ohne Weiteres möglich ist. Wäre Ihnen das vorher bewusst gewesen, hätten Sie das Ganze sicher anders begonnen.

Schließlich sollte der Anspruch eines jeden Moderierenden sein, dass jeder Workshop und jedes Meeting Sinn macht – und die Teilnehmer einen Schritt weiter bringen muss. Das gelingt aber nur, wenn auch die Rahmenparameter stimmen. In der systemischen Moderation legen wir besonderen Wert darauf, einen Moderationsauftrag bereits im Vorfeld auf Herz und Nieren zu durchleuchten. Wir haben dafür einen Moderationscheck entwickelt, der Ihnen bei Ihren kleineren und größeren Moderationsprojekten wertvolle Hilfestellung bietet.

Und wenn Sie jetzt denken: »Vorbereitung war gestern, Agilität ist gefragt!«, dann kann ich Ihnen sagen: »Umgekehrt wird ein Schuh draus!« Nur wenn ich mir der Rahmenparameter bewusst bin, kann ich agil entscheiden, welche Vorgehensweise situativ die richtige ist. Ob bei der Vorbereitung oder während eines Meetings oder Workshops – der Moderationscheck gehört zu den elementaren Erfolgsparametern eines guten Moderators. Probieren Sie es aus! Sie werden sehen, wie schnell Ihnen die einzelnen Check-Punkte in Fleisch und Blut übergehen.

Der erste Blick gilt der Gruppe selbst

Widmen Sie sich zunächst der zu moderierenden Gruppe und ihrem gemeinsamen Interesse an einer Lösung. »Ist die Gruppe (schon jetzt) zu einer konstruktiven Moderation bereit?«, lautet dann auch die wichtige Frage, die Sie sich im Vorfeld der Moderation stellen sollten.

Ein Modell, mit dessen Hilfe die Bereitschaft zu einer konstruktiven Lösung herausgefunden werden kann, ist die Aggressionsskala (Klebert/Schrader/Straub 2006: 220).

Nutzen Sie die Skala auf der folgenden Seite, um eine Einschätzung zu bekommen, ob die Gruppe bereits eine gute Basis für eine zielführende Moderation mitzubringen scheint, oder ob zuvor noch ein Extraschritt gegangen werden sollte. Wenn Sie als Führungskraft, Projektleiter oder moderierendes Teammitglied die Gruppe bereits selbst gut kennen, werden Sie diese Einschätzung aufgrund Ihrer Erfahrung selbst vornehmen. Kommen Sie aber von extern und haben bislang noch keine Berührungspunkte mit dem zu moderierenden Team, sollten Sie sich im Gespräch mit Ihrem Ansprechpartner ein möglichst genaues Bild machen. Eine gute Fragetechnik ist hier Ihr wertvoller Begleiter.

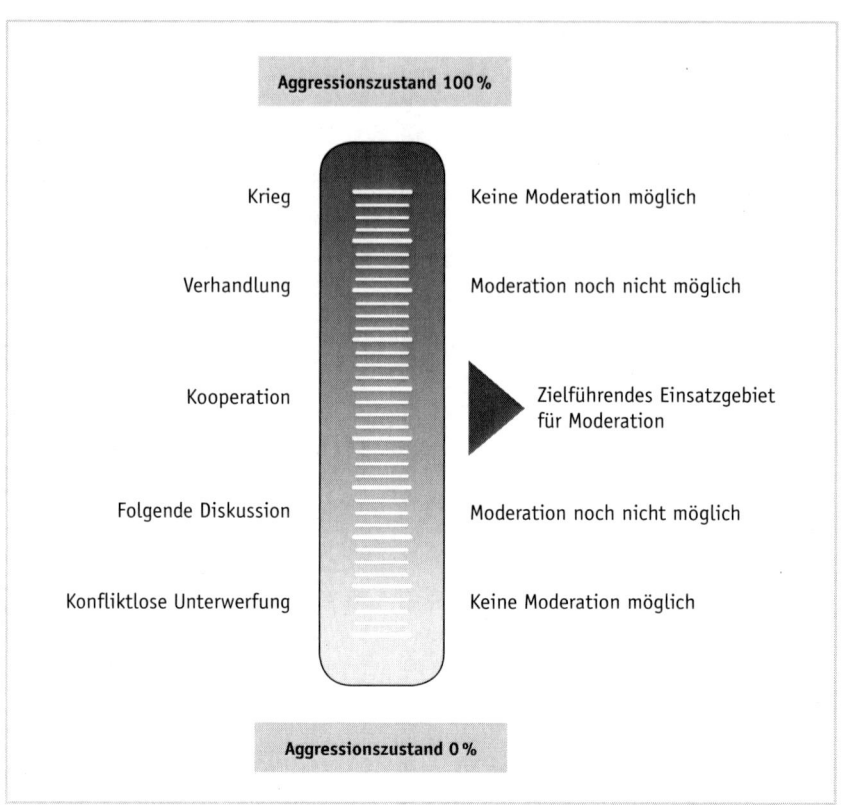

Abbildung 1: Aggressionsskala

Nun gehen wir davon aus, dass wir als Moderatoren mit einem Zustand von Krieg beziehungsweise Unterwerfung in unserer Business-Praxis eher weniger zu tun haben. Umso interessanter und durchaus auch realistischer sind die drei verbleibenden Zustände.

Hoher Aggressionspegel
Wenn, wie oben beschrieben, die sprichwörtlichen Fetzen fliegen, kann sich der Moderator mit seinem ursprünglichen Plan einer konstruktiven Moderation zum vermeintlich sachlichen Thema abmühen, wie er möchte –

seine Arbeit wird nicht von Erfolg gekrönt sein. Es ist einfach zu viel Dampf im Kessel! Bevor der nicht draußen ist, werden keine konstruktiven Ergebnisse entstehen.

Niedriger Aggressionspegel

Doch nicht nur das Zuviel an Energie kann dem zielführenden Arbeiten entgegenstehen. Ist zu wenig Power vorhanden, verläuft die Moderation zwar deutlich ruhiger, aber gewiss nicht erfolgreicher. Wenn die Teilnehmer für ein Thema zu wenig Energie aufbringen, wird die Moderation eine ganz zähe Geschichte. Es wird ohne Herzblut und Engagement diskutiert. Viele Allgemeinplätze und nichts Konkretes – schon gar kein Ergebnis.

Ausgeglichener Aggressionspegel

Der Idealzustand für einen konstruktiven Workshop oder ein zielführendes Meeting ist immer dann gegeben, wenn die zu moderierende Gruppe durch ein mittleres Maß an Aggression und Handlungsenergie gekennzeichnet ist. Hier sind die Teilnehmer mit Herzblut dabei und mobilisieren ihre Energie, um gemeinsam zu einer Lösung zu gelangen. Natürlich ist auch hier nicht immer alles eitel Sonnenschein – aber es besteht eine einvernehmliche Basis, die auch Meinungsverschiedenheiten gut verträgt. Erkennbar wird das im Vorfeld durch folgende Punkte:

- Die Teilnehmer haben einen Bezug zum Thema.
- Das Ergebnis hat meist eine direkte Auswirkung auf die Teilnehmer.
- Die Teilnehmer sind sich dieser Auswirkung bewusst.
- Die Fronten unter den Teilnehmern sind nicht verhärtet, auch wenn sie mitunter verschiedener Meinung sind.

Stehen die Zeichen im Rahmen der Vorbetrachtung auf »Kooperation«, können Sie als Moderator in das Meeting oder den Workshop gehen, ohne im Vorfeld noch große »Extraschleifen« zu drehen. Doch wie Sie sich denken können, ist das nicht immer so.

Was also tun, wenn der Aggressionspegel zu hoch ist?

Wenn zu viel Dampf im sprichwörtlichen Kessel ist, ist eine sachliche Diskussion unmöglich. Ursachen hierfür können im Großen wie auch im Kleinen liegen. Werden Befindlichkeiten Einzelner durch das Schaffen neuer Fakten (zum Beispiel Änderungen in der Organisation) verletzt, führt das bei einigen Betroffenen zu Aggressionen (andere hingegen resignieren – doch dazu später mehr). Kränkungen und persönliche Verletzungen haben allerdings nicht immer einen vermeintlich großen Auslöser, sondern entstehen auch häufig beim täglichen Miteinander im Team.

Doch unabhängig davon, auf welcher Ebene die Aggression ursprünglich entstanden ist – wenn wir sie ignorieren, werden wir als Leiter eines solchen Meetings keinen Stich machen. Häufig binden Machtspielchen und Rangeleien untereinander die ganze Aufmerksamkeit. Bei organisatorischen Veränderungen kommt es auch vor, dass Ärger und Frust über Entscheidungen »von oben« auf den Moderator projiziert werden. Zu hohe Emotionen stehen einer konstruktiven Lösung im Weg.

Kennen Sie das Eisbergmodell? Das auf die Arbeiten Sigmund Freuds zurückgehende Prinzip beschreibt, dass die Kommunikation untereinander nur zu einem kleinen Anteil aus sichtbaren – und zu einem weitaus größeren Anteil aus verborgenen Faktoren besteht. Zahlen, Daten und Fakten zieren die Spitze des Eisbergs. Alles ist deutlich zu sehen. Aber des Pudels Kern – das, um was es eigentlich geht, das sehen wir damit noch lange nicht. Verletzte Befindlichkeiten und persönliche Ängste werden selten auf dem Silbertablett präsentiert. Sie haben sich meist unter der sprichwörtlichen Wasseroberfläche versteckt. Doch selbst wenn wir als Moderatoren das Knirschen im Getriebe nicht sehen können – wir spüren es ganz deutlich. Gut, wenn wir uns bereits im Vorfeld damit auseinandergesetzt haben.

Mit der richtigen Frage zum Kern vordringen

Um die zu moderierende Situation bereits im Vorfeld so gut wie möglich einschätzen zu können, ist es wichtig, ein umfassendes Bild der Lage zu bekommen. Denken Sie daran – es gibt nicht die eine Wahrheit. Je mehr Sichtweisen deutlich werden, desto besser komplettiert sich das Puzzle. Hierbei helfen uns die richtigen Fragen (Kapitel 4, siehe Seite 93 ff.).

Die zu hohe Handlungsenergie bekomme ich nur dann auf eine moderierbare Ebene, wenn der Überdruck abgelassen werden kann! Hierfür ist es erforderlich, dass die Teilnehmer im geschützten Rahmen der Moderation auch ihren Unmut äußern dürfen. Das ist dann wie bei einem reinigenden Gewitter. Danach wird es einfacher. Die wichtige Aufgabe von uns Moderatoren ist es hierbei, den richtigen Rahmen vorzugeben. Die Teilnehmer einfach lospoltern zu lassen, ist sicherlich nicht die Paradelösung. Durch die Anleitung zur konstruktiven Formulierung von Kritik (Kapitel 8.3, siehe Seite 205 ff.) gelingt es hingegen, den Aggressionspegel zu senken und gleichzeitig die persönlichen Interessen und Befindlichkeiten der Teilnehmer herauszuarbeiten. So wird aus dem Dampfablassen kein negatives Lamenti, sondern vielmehr der Anfang einer gemeinsamen Lösungsfindung.

Weiß ich als Moderator bereits bei der Vorbereitung eines Workshops oder Meetings von der angespannten Situation, habe ich je nach Eskalationsgrad mehrere Handlungsoptionen:

- Klärung der Situation als ersten Punkt der Moderation, um danach im Idealfall in eine lösungsorientierte Arbeit am sachlichen Thema einsteigen zu können.
- Änderung des Workshop-Ziels. Im geplanten Workshop wird zunächst an der kritischen Situation gearbeitet, um hierfür eine Klärung zu erreichen. Das eigentliche Thema wird vertagt.
- Wenn der Konflikt bereits soweit eskaliert ist, dass die Situation nicht mehr unter den Beteiligten geklärt werden kann, bedarf es einer professionellen Mediation oder der Entscheidung einer übergeordneten

Instanz. Ein Workshop macht an dieser Stelle keinen Sinn und kann direkt abgesagt werden.

Doch Achtung: Die Auftragsbetrachtung im Vorfeld ist ein wichtiger Schritt und dennoch keine Garantie! Die Situation vor Ort kann sich immer noch ganz anders darstellen. Auch wenn die Vorbetrachtung grünes Licht für ein konstruktives Miteinander zeigt, kann die Realität überraschend anders aussehen.

Jetzt ist Ihre agile Kompetenz gefragt! Der Moderationscheck gehört zwar zu den Herzstücken der Moderationsvorbereitung – aber er endet damit noch lange nicht. Seien Sie sensibilisiert dafür, dass vor Ort möglicherweise alles ganz anders sein kann.

Ich selbst habe genau das erlebt. In einem namhaften deutschen Konzern hatte ich den Auftrag, eine hierarchieübergreifende Gruppe von Führungskräften zu moderieren. Das Ziel der Moderation war die Erarbeitung von Maßnahmen, um die Kommunikation untereinander zu verbessern. Keine Frage, dass ich da schon hellhörig wurde und großen Wert auf die Vorbesprechung legte. Ich war nach der sehr ausführlichen und intensiven Auftragsklärung im persönlichen und telefonischen Vorgespräch zwar durchaus auf die eine oder andere Turbulenz vorbereitet – nicht gerechnet habe ich allerdings mit dem, was tatsächlich vor Ort geschah. Nach der Anmoderation meiner Frage, die darauf abzielte, die Kommunikation zu beleuchten und die Punkte zu benennen, die gut laufen und auch die zu identifizieren, bei denen es noch »Luft nach oben« gibt, meldete sich ein Teilnehmer zu Wort. »Frau Stach, wir können an dieser Stelle abbrechen. Wir Teamleiter (Anmerkung: die größte Gruppe im Raum) haben kein Problem mit der Kommunikation untereinander. Unser Problem heißt Frau Dr. Kraft (Anmerkung: Frau Kraft, deren Namen von mir geändert wurde, war die zwei Hierarchieebenen höher angesiedelte Bereichsleiterin und befand sich ebenfalls im Raum).« Meine Kinnlade hat sich daraufhin doch glatt ein wenig abgesenkt. Er hat sich dann direkt ihr zugewandt und sich bei ihr entschuldigt: »Tut mir leid, aber so ist es«. Allerdings hat mir sein Gesichtsausdruck gezeigt, dass sein Energielevel trotz der entschuldigenden Worte in eine Höhe geschnellt war, in der es nicht wirklich nach Konsens aussah. Eher nach Abbruch der Veranstaltung. Für mich war an dieser Stelle eins klar – den für den restlichen Workshop vorgesehenen Fahrplan konnte ich direkt in die Tonne treten. Die anderen Teamleiter zeigten sich durch die Äußerung des Kollegen ermutigt und bestätigten seine Worte durch ihre zustimmende Mimik und damit einhergehendes Gemurmel. Jetzt hieß es meinerseits, agil zu entscheiden. Ich habe versucht, die Stimmung der Bereichsleiterin zu erfassen. Und sie hat meines Erachtens großartig reagiert. Sie war natürlich verletzt, das ist ja auch völlig menschlich – aber sie war nicht beleidigt und sie hat auch ihre Machtposition an dieser Stelle nicht ausgenutzt. Sie hat vielmehr die Ermutigung ausgesprochen, direkt daran zu arbeiten. Ich habe gespürt, dass es gelingen kann, die Handlungsenergie in einen konstruktiven Bereich zu lenken – doch dazu war noch ein Zwischenschritt nötig. Zunächst mussten die Teamleiter die Möglichkeit bekommen, ihren Frust zu thematisieren. Alles andere wäre ohne konstruktive Wirkung geblieben. Nun war es an mir, hierfür einen entsprechenden Rahmen zu schaffen. Das bevorstehende Weihnachtsfest hat mich dazu inspiriert, die von den Teamleitern empfundenen Missstände in Wünsche formulieren zu lassen. Hierzu arbeiteten sie zunächst im geschützten Rahmen unter sich. So hatten sie die Möglichkeit, »auf dem Weg zum Wunsch« auch noch etwas Dampf abzulassen. Da ich generell der Überzeugung bin, dass es nie nur einen Schuldigen gibt, habe ich die Aufgabe noch ergänzt durch die Frage: »... und was bin ich selbst bereit dafür zu tun?« Die Vorgesetzten arbeiteten ebenfalls für sich an den gleichen Fragen.

Bei der Vorstellung der Ergebnisse kamen dann die Missstände auf den Tisch. Durch die Formulierung der Wünsche waren die Teilnehmer aber bereits in einen lösungsorientierten Modus gewechselt und konnten so dann auch gut weiterarbeiten.

Dieser Fall war durchaus mit mehreren Fallstricken versehen. Und einer davon war der zu hohe Aggressionspegel: »Was soll dieser Schmarrn hier! Einen lieben langen Tag bunte Kärtchen schreiben, damit nachher alle so tun können, als wäre alles in bester Ordnung – dabei haben wir nur ein Problem und das ist unsere Chefin!« Ja, so oder so ähnlich funkten sicherlich die Gedanken durch die Köpfe der Teilnehmer!

Treffe ich während der Moderation vor Ort unvorbereitet auf einen zu hohen Energielevel, dann entsprechen meine Handlungsoptionen prinzipiell denselben, die sich mir bieten, wenn ich die hohe Aggression bereits im Rahmen der Auftragsklärung im Vorfeld feststelle. Diese sind je nach Eskalationsgrad:

- Situationsklärung zu Beginn des Meetings oder Workshops, um danach auf das ursprüngliche Thema zurückzukommen,
- Änderung des Workshop-Ziels,
- bei Eskalation in letzter Konsequenz: Abbruch des Workshops oder Meetings.

Allerdings ist während der Live-Situation der Entscheidungsmoment um ein Vielfaches kürzer. Und während dieser Phase steht der Moderator unter genauester Beobachtung der Teilnehmer! Keine Frage, dass auch im eben geschilderten Praxisfall alle Augen auf mich gerichtet waren. Bei so viel Zündstoff heißt es, einen kühlen Kopf zu bewahren!

Die Fähigkeit, auch in unerwartet anspruchsvollen Situationen agil, souverän und überlegt zu handeln, basiert auf einem Zweiklang von Haltung und Know-how. Die Teilnehmer spüren instinktiv jede Unsicherheit des Moderators. Gerade in hoch emotionalen Situationen mit viel Dampf im Kessel braucht es ein souveränes und ausgleichendes Gegengewicht – einen Moderator, der Sicherheit nicht nur vorspielt, sondern persönlich überzeugt ist, im entscheidenden Moment auch das situativ Richtige zu tun. Spüren das die Teilnehmer, lassen Sie sich auf den Moderator ein und gehen den

Weg durch den Prozess mit. Dabei muss man als Moderator nicht den Helden spielen. Es ist völlig legitim, sich in solchen Überraschungsmomenten eine kurze Auszeit zu nehmen, um in Ruhe die nächsten Schritte zu überdenken. Aufgesetztes Selbstbewusstsein wird ohnehin direkt durchschaut.

Die Tools des Moderationschecks geben dem Moderator Sicherheit und stützen auf diese Weise sein Selbstbewusstsein und sein überzeugendes Auftreten. Bei aller Emotionalität und Komplexität herausfordernder Fälle helfen sie sowohl im Vorfeld als auch während der Moderation vor Ort, Klarheit über die Ausgangssituation mit all ihren Fallstricken zu erhalten und lösungsorientierte Handlungsoptionen abzuleiten. Die Sicherheit stützt sich also nicht nur auf die Person und Haltung des Moderierenden, sondern auch auf seine systematische und gründliche Arbeit. Das ist eine wichtige Nachricht für alle, die noch nicht so oft moderiert haben!

Genauso wie es Beispiele für einen zu hohen Aggressionspegel gibt, gibt es auch viele Gruppen, die mit sehr wenig Handlungsenergie ausgestattet sind.

Was tun, wenn die Handlungsenergie zu niedrig ist?

Vorher konnten Sie lesen, dass manche von oben beziehungsweise außen bestimmte Änderung in der Organisation zu hohen Aggressionen führt. Bei einigen Menschen ist aber genau das Gegenteil der Fall: Resignation. Die Betroffenen verschließen sich und ergeben sich ihrem Schicksal. Wenn sich jedoch das Herzblut verabschiedet und sich an seiner Stelle das Gefühl ausbreitet, »sowieso nichts ausrichten zu können«, wird es schwierig, irgendetwas zu bewegen. Während bei zu viel Energie der Dampf raus muss, um in einen Arbeitsmodus zu kommen, ist es hier gerade umgekehrt. Hier bedarf es einer guten Portion Extra-Energie! Eine Erkenntnis aus der Organisationsentwicklung lautet: »Man verändert sich erst, wenn es wehtut«. Und da ist schon was dran.

Wann haben Sie zuletzt bewusst auf Ihre Ernährung geachtet? Einfach so, weil es gesünder ist? Herzlichen Glückwunsch! Und ich meine das ganz ehrlich. Denn ich gehöre leider zu denen, die warten, bis es wehtut. Da braucht es das frustrierende Gefühl, wenn man sich nach dem langen Winter auf das schicke Sommerkleid freut und dann schockiert merkt, dass es ordentlich spannt und dadurch einiges an Eleganz eingebüßt hat ... Übertragen wir das Kleiderfiasko auf den Moderationskontext, dann wird klar, dass es in Fällen mangelnder Energie notwendig wird, die Konsequenzen schonungslos aufzuzeigen.

Und jetzt ist die Auseinandersetzung mit der Moderationstauglichkeit einer Gruppe im Vorfeld des gemeinsamen Arbeitens immens wichtig. Denn es sollte im Idealfall eben nicht die Rolle des Moderators sein, mit dem Sargdeckel zu klappern und düstere Zukunftsbilder zu zeichnen. Kommt man von extern, fehlt einem hierzu auch meist das entsprechende Detailwissen.

Identifiziere ich im Vorfeld ein zu niedriges Energieniveau, gibt es folgende Handlungsoptionen:

- Der Ernst der Lage kann bereits im Vorfeld transparent gemacht werden. Sei es in einem separaten Schreiben, im Einladungsschreiben oder in Gesprächen. Hier können mitunter auch Einzelgespräche erforderlich sein.
- Die aktuelle Situation kann als Einstieg in die Moderation noch einmal klar und verständlich aufgezeigt werden. Im Idealfall nicht vom Moderator, sondern von einem hierfür zuständigen Fachmann.
- Die Lage – und dementsprechend auch der Ernst derselben – kann mit der richtigen Fragestellung auch zu Beginn einer Moderation von den Teilnehmern selbst skizziert werden. Besonders geeignet sind hierbei Fragen, die mit einem Perspektivenwechsel einhergehen (Kapitel 4, siehe Seite 93 ff.).

Wenn die niedrige Energie erst vor Ort deutlich wird

Identifiziere ich als Moderator den niedrigen Energielevel allerdings erst während der Moderation, fällt die erste oben geschilderte Handlungsoption natürlich weg. Die gute Gelegenheit, die Weichen im Vorfeld zu stellen, ist vorüber. Ob die zweite Handlungsoption, also die Sensibilisierung zu Beginn der Moderation, von einer dafür prädestinierten Person geleistet werden kann, hängt davon ab, ob die Führungskraft oder ein entsprechender Experte im Raum ist und dieses wichtige Aufrütteln vornehmen kann. Hier ist eine kurze Absprache unerlässlich. Denn die Aufrüttel-Phase sollte sich nicht häppchenweise durch die komplette Moderation ziehen.

Sehr gut kann man als Moderator mit der Führungskraft oder dem Experten auch in Interviewform arbeiten, um so auch gezielte Themen ansprechen – und, wenn nötig, den Finger bewusst in die Wunde legen zu können. Die Aufgabe eines Moderators ist auch immer die des Übersetzers. Häufig werden große Entscheidungen in ausgefeilter Sprache kommuniziert. Und in meiner Erfahrung wird diese vermeintlich wohlklingende Hochglanz-sprache genau von denen, die sie umsetzen müssten, gar nicht verstanden. Und das wundert mich ehrlich gesagt überhaupt nicht! Also mir würde es an der einen oder anderen Stelle definitiv genauso gehen. Haben wir also als Moderatoren die Chance, Zeugen dieser Hochglanzformulierungen zu werden, dann gilt es, direkt und sofort nachzufragen und dazu beizutragen, dass die wichtigen Aussagen so ankommen, dass die Adressaten auch verstehen, was damit gemeint ist.

Fällt die Aufrüttel-Möglichkeit durch Anwesende weg, bleibt uns als Moderatoren zum einen die Möglichkeit, selbst aktiv zu werden und unsere Außensicht einzubringen. Ja, ich weiß, dies ist nicht der Idealfall! Aber vom Idealfall haben wir uns leider schon wegbewegt, als wir im Vorfeld der Moderation nicht identifiziert haben, dass es hier noch eines Extraschubs Energie von außen bedarf. Nun haben wir die Verantwortung, agil zu reagieren. Doch Vorsicht! Kluges und sensibles Vorgehen ist hier gefragt. Es macht weder Sinn, noch steht es uns zu, den Teilnehmern »ihre Welt erklären« zu wollen. Wie sollten wir das auch können? Hier sind wir vielmehr gefordert, bewusst unsere eigene Wahrnehmung wiederzugeben und auch als solche zu kennzeichnen.

Ganz in Ihrer Kernkompetenz agieren Sie als Moderator, wenn Sie die Teilnehmer durch entsprechende Fragestellungen dazu bringen, die Situation mit ihren Chancen und Risiken selbst herauszuarbeiten. Erfolgsentscheidend ist hier allerdings das **Wie**. Und hier gilt es, bei der Fragestellung genau achtzugeben: Wenn die Teilnehmer bislang etwas nicht sehen können oder wollen, ist es unsinnig, genau auf diese Perspektive abzuzielen. Eine neue Erkenntnis kann vielmehr entstehen, wenn man von einem anderen Standpunkt auf das Geschehen blickt.

Wenn Sie beim Waldspaziergang mit der Familie von Ihrer aktuellen Position aus das Reh, das anscheinend gerade oben am Waldrand stehen soll, nicht sehen können, dann wechseln Sie ja auch den Platz, um einen Blick auf das sonst so scheue Tier zu ergattern. Machen Sie es so auch mit Ihren Teilnehmern! Wenn sie von ihrer Warte die Risiken nicht sehen, heißt das noch lange nicht, dass diese nicht da sind. Laden Sie sie zu einem Perspektivenwechsel ein, indem Sie sie die Situation aus der Sicht der Kunden oder der Wettbewerber betrachten lassen. Oder Sie wechseln die Perspektive, indem Sie die Frage auf den Kopf stellen: »Was können wir tun, damit unser Unternehmen im Wettbewerb mit unserem schärfsten Konkurrenten garantiert verliert?«

Kluge Fragen sind das wichtigste Handwerkszeug des Moderators. Mehr über die verschiedenen Fragetechniken finden Sie im Kapitel 4, siehe Seite 93 ff.

Wie bekomme ich die Kurve zum eigentlichen Thema?
Ob kurzes Meeting oder großer Workshop – in der Moderation gilt es, keine Angst vor den Emotionen der Teilnehmer zu haben! Mit Emotionen in der Gruppe umzugehen, ist zwar nicht immer easy going, aber was bleibt als

Alternative? Bremse ich Emotionen aus und lasse meine Teilnehmer um den sprichwörtlichen heißen Brei herumreden, ist keiner am Ende des Tages auch nur einen einzigen Schritt weitergekommen. Dann nämlich haben wir alle miteinander eine wunderbare Alibimoderation hingelegt und haben nur eines produziert: Kosten.

Hochkochende Emotionen in einer Moderation können unterschiedliche Ursachen haben – davor sind wir nie gefeit. Aber wenn bereits der Ausgangspunkt der Moderation durch einen zu hohen Aggressionspegel gekennzeichnet ist, dann sind die Emotionen vorprogrammiert! Das gilt übrigens auch für zu wenig Energie. Denn durch die Aufrüttel-Phase gerät in der Gruppe – genau wie bei den einzelnen Teilnehmern – so einiges in Bewegung.

Ist diese Phase gemeinsam durchschritten, dürfen Sie als Moderator erst mal kräftig durchatmen. Und natürlich auch Ihre Teilnehmer! Da lässt es sich nicht mal eben zum Tagesgeschäft übergehen. Etwa getreu dem Motto: »So, der Überdruck ist abgebaut, dann können wir ja jetzt lösungsorientiert an unserem Thema arbeiten. Bitte widmen Sie sich jetzt der folgenden Frage ...«

Auch wenn sich die Moderationsvoraussetzungen auf der Aggressionsskala jetzt auf einer konstruktiven Ebene bewegen, müssen die Teilnehmer dort erst mental ankommen. Während der nächsten Schritte wird von den Teilnehmern ja etwas ganz anderes gefordert. Sie müssen innerlich umschalten. Hierzu ist es erforderlich, mit der Dampfaufbau- beziehungsweise Dampfabbau-Phase abzuschließen und sich auf eine neue Phase und damit auch eine andere Art des Arbeitens einzulassen. Eine ganz bewusste Unterbrechung ist an dieser Stelle das A und O.

Gerne unterstreiche ich diesen Übergang in eine neue Phase mit symbolischen Gesten: So öffne ich, nachdem Dampf auf- oder abgebaut wurde, gerne die Fenster. Die frische Luft tut einerseits tatsächlich gut. Aber diese

Geste symbolisiert auch: Alles, was hier an Kritischem geäußert wurde, war wichtig. Und jetzt darf es getrost zum Fenster hinaus. Mit frischer Luft kann es dann konstruktiv zu neuen Ansätzen gehen. Bevor es in eine neue Arbeitsphase geht, empfiehlt sich darüber hinaus eine Pause – idealerweise mit ansprechender Nervennahrung. Mir persönlich ist bei Meetings und Moderationen immer besonders wichtig, dass auch für das leibliche Wohl gut gesorgt ist. Einerseits verbrauchen die Teilnehmer tatsächlich viel Energie und füllen ihre Reserven meist sehr gerne mit (leckeren) Energielieferanten auf. Und zweitens ist dies immer auch eine Geste der Wertschätzung. Gerade in schwierigen Situationen. Nach einer anspruchsvollen Arbeitsphase versüßen kleine Freuden den Teilnehmern im wahrsten Sinne des Wortes die Pause und tragen nicht unerheblich dazu bei, dass es nach der Stärkung mit neuem Elan weitergeht.

Auch wenn wir uns gedanklich jetzt schon mal in die heiße Phase der Moderation gebeamt haben, beschäftigen wir uns in diesem Kapitel immer noch mit den Erfolgskriterien der Vorbereitungsphase. Doch Sie merken, die Grenzen sind fließend. Deshalb ist es gerade für spontane Anlässe so immens wichtig, dass man als Moderator die Erfolgskriterien einer zielführenden Moderation vor Augen hat, um sie auch in Situationen ohne offizielles Workshop-Etikett situativ abrufen und anwenden zu können.

2.2 Moderationscheck: Worum geht's?

Moderation ist in unzähligen Situationen eine geeignete Intervention, um Betroffene – seien es Mitarbeiter, Verbands-, Vereins- oder Kirchenmitglieder, Schüler, Eltern, Bürger, Fachexperten oder andere von einer Problemstellung tangierte Menschen – mit ihrem Know-how und ihren persönlichen Anliegen in die Lösungsfindung einzubinden. Persönlich bin ich sogar der Meinung, dass nach wie vor viel zu wenig moderiert wird. Doch auch wenn viele Problemstellungen durch Moderation zu lösen wären, heißt es nicht im Umkehrschluss, dass Moderation die Lösung für jede Problemstellung ist.

Erfolgreich moderiert kann nur dort werden, wo sich Moderation auch als geeignetes Instrument erweist. Im letzten Kapitel haben wir die Moderationstauglichkeit anhand des Aggressionspegels der zu moderierenden Gruppe angeschaut. In diesem Kapitel des Moderationschecks richtet sich unser Augenmerk auf das **Problem**, das durch eine Moderation bearbeitet und im Idealfall auch gelöst werden soll.

Unsere Zeit ist geprägt von zunehmender Komplexität. Die vielschichtigen Herausforderungen, wie sie beispielsweise in der Zusammenarbeit in Projekten heute an der Tagesordnung sind, lassen sich nur durch die Zusammenarbeit und Vernetzung der daran beteiligten Fachspezialisten lösen. Wo Einzelkämpfer heillos überfordert wären, schaffen es Teams, gemeinsam komplexe Zusammenhänge transparent zu machen und durch die Vernetzung der vielfältigen Ideen neue und innovative Lösungsansätze zu entwickeln. Und so liegt es schon fast auf der Hand, dass die Komplexität ein Orientierungsgrad für die Moderationseignung einer Fragestellung darstellt.

Würde man allerdings nur dieser Ausprägung der Aufgabenstellung Bedeutung schenken, blieben viele wichtige Moderationsanlässe komplett außen vor. Das sind dann die vermeintlich einfachen Fälle, die aber einen riesigen Aufschrei im Unternehmen hervorrufen. Denn bringt man die Komplexität mit der Anzahl der Beteiligten und Betroffenen in Beziehung, dann wird deutlich, dass Moderation auch dann sinnvoll sein kann, wenn es wenig Komplexität – dafür aber viele Beteiligte beziehungsweise Betroffene gibt. Denn gerade durch die Moderation wird es möglich, die von einer Veränderung betroffenen Personen miteinander ins Gespräch zu bringen und ins Boot zu holen.

t darauf, ob die Moderation eine sinnvolle Intervention sein sich anhand zweier Kriterien beurteilen:

• ....ität der Problemstellung
• Anzahl der Beteiligten und Betroffenen

Auch hier greife ich gerne wieder auf die Grafik eines etablierten Standardwerks der Moderation zurück (Klebert/Schrader/Straub 2006: 219).

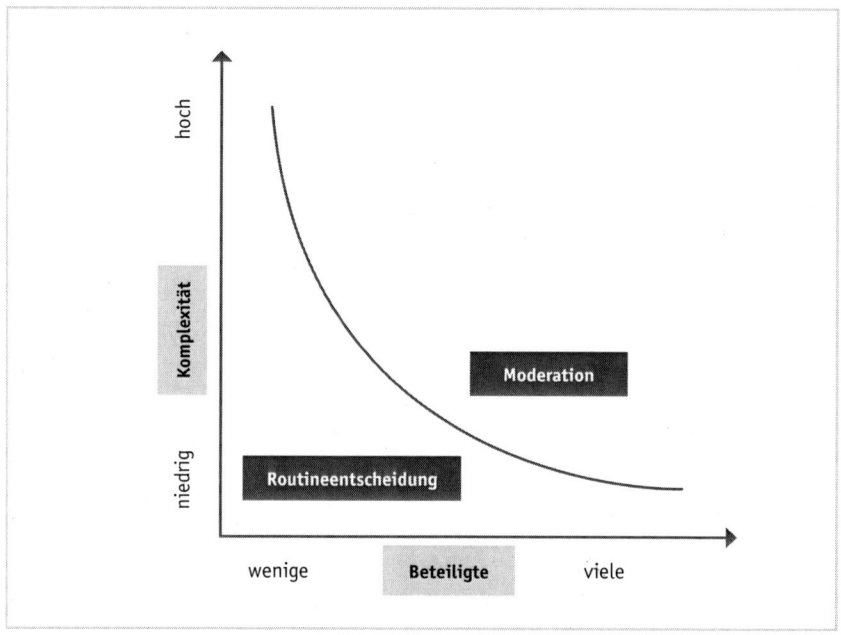

Abbildung 2: Komplexität und Beteiligte

Interessanterweise sind in jüngerer Vergangenheit gleich mehrere Moderationsanfragen an mich herangetragen worden, die bei näherer Betrachtung nicht als moderationstauglich bezeichnet werden konnten. Und in allen Fällen lag der Ausschlag für diese Einschätzung auf der Achse »Beteiligte und Betroffene«. Dabei wäre gerade die aktuellste dieser Anfragen für mich wahrlich spannend und lukrativ gewesen! Doch eine Moderation hätte an dieser Stelle nicht nur keinen Sinn gemacht, sondern hätte möglicherweise in einem persönlichen Drama geendet. Es ging letztlich um eine einzelne Person. Und die Themen, die ich nach einem ausführlichen Gespräch herausgearbeitet hatte, waren rein persönlicher Natur.

Was mir ebenfalls sehr häufig widerfährt, ist, dass vermeintlich einfache Themen für die Vorgesetzten vollkommen klar erscheinen und dementsprechend in deren Augen auch nicht in Form eines Workshops mit den Mitarbeitern thematisiert werden müssen. Hier sind wir im Bereich der geringen Komplexität und der hohen Zahl der Beteiligten und Betroffenen. Doch gerade in solchen Situationen macht die Moderation durchaus Sinn.

Auch in spontanen Moderationssituationen gehört dieses Tool zum Einordnen der Moderationstauglichkeit immer in den Hinterkopf des Moderators. Denn in Meetings passiert genau das:

- Vermeintlich klare Punkte werden leider oft kurzerhand und ohne Diskussion abgehakt. Dabei wäre es gerade hier wichtig, die vielen Betroffenen mit an Bord zu holen und ihnen die Chance zu geben, sich mit dem Thema auseinanderzusetzen.
- Immer wieder werden aber Themen behandelt, bei denen es um persönliche Angelegenheiten einer einzelnen Person geht. Und hierzu haben interessanterweise viele einen Diskussionsbeitrag zu leisten.

Hier klug einordnen zu können, an welcher Stelle Moderation Sinn macht und an welcher nicht, gehört zur Verantwortung des Moderators.

2.3 Moderationscheck: Beeinflussungsgrad

Tatatata! Hier kommt mein absolutes Lieblingsthema. Wie viele Moderationskärtchen haben Sie in Ihrem Berufsleben schon geschrieben? Sie haben sie nicht gezählt? Also meine Hypothese ist ja, dass sie aufgrund der Menge gar nicht zu zählen gewesen wären. Wiegen wäre vielleicht einfacher. Und spätestens jetzt haben Sie meinen Sarkasmus herausgehört. Und Sie haben ja so recht!

Doch wie passt das zusammen? Einerseits behaupte ich, dass heute noch viel zu wenig moderiert wird und andererseits mache ich mich über die Kärtchen-Berge lustig! Aber genau so ist es. Dabei können die Kärtchen per se gar nichts dafür! Sie sind nur Mittel zum Zweck und stehen für viele leider stellvertretend für negative Workshop-Erfahrungen.

Sie haben es in diesem Buch schon gelesen und ich werde nicht müde, es zu wiederholen: Jede Moderation muss Sinn machen! Und leider sind viele gut gemeinte Sitzungen, Workshops und Klausuren am Ende des Tages allesamt Alibi-Veranstaltungen. Nicht weil die Absicht des Moderators oder der Teilnehmer schlecht ist, sondern weil die Rahmenbedingungen nicht klar sind. Wir fischen auf der Suche nach guten Antworten ganz unbewusst leider immer wieder in falschen Gewässern. Lassen Sie uns hierzu folgende Geschichte betrachten:

Die drei Inhaber einer großen Arztpraxis im Bereich Kieferchirurgie lassen ihre Mitarbeiterinnen in einem Workshop daran arbeiten, wie die Praxis ihre bestehenden und potenziellen Patienten nicht nur zufriedenstellen, sondern auch begeistern kann. Das Ziel lautet: vom Patienten zum Kunden. Es ist ihnen mit diesem Workshop sehr ernst, denn sie möchten sich in Zukunft noch deutlicher von den Mitbewerbern abheben. Die Konkurrenzsituation ist durch die Neueröffnung einer weiteren Praxis angespannter geworden. Die Workshop-Teilnehmerinnen meinen es ebenfalls ernst. Auf die gestellte Frage: »Durch welche Maßnahmen können wir unsere Patienten und potenziel-

len Patienten nicht nur zufriedenstellen, sondern sogar begeistern, sodass sie sich bei uns nicht als Patienten, sondern als Kunden fühlen?« arbeiten sie eifrig los. Es läuft auch wie am Schnürchen und die Ideen landen erst auf den Kärtchen und dann auf den Wänden. Voller Freude und Stolz präsentieren sie ihre Ergebnisse. Und diese klingen tatsächlich innovativ und vielversprechend! Die präsentierten Ideen werden mit Applaus belohnt. Am Ende des Tages sind alle zufrieden. Na ja, fast alle, denn die drei Chefs, die die Ergebnisse später präsentiert bekommen, hatten durchaus etwas anderes erwartet.

Beim genaueren Hinschauen wurde deutlich: Es sind tatsächlich interessante, innovative und pfiffige Ideen entstanden – aber umgesetzt werden müssten diese von einer ganz anderen Stelle in der Praxis. Die Antworten waren zumeist in den Kategorien: »innovatives technisches Equipment« und »neue Dienstleistungsangebote« angesiedelt. In diesen Bereichen könnten sich die Ärzte zwar durchaus auch die eine oder andere innovative Neuerung vorstellen, doch im Workshop wollten sie hauptsächlich andere Themen fokussieren: Sie wollten Maßnahmen sehen, die die Mitarbeiterinnen selbst und direkt umsetzen können. Gedacht hatten sie unter anderem an die Bereiche: Verhalten gegenüber dem Kunden, Kommunikation, Freundlichkeit und persönlicher Service. Doch gesagt hatten sie das so leider nicht.

Es wurde also motiviert gearbeitet und am Ende des Tages kam doch nichts dabei heraus. Ob eine Moderation zielführend ist oder nicht, orientiert sich in entscheidendem Maße an der Definition und Kommunikation der Rahmenbedingungen. Hierzu gehört ganz klar der Beeinflussungsgrad der Beteiligten. Insbesondere, wenn es Ziel einer Moderation ist, Ergebnisse zu erarbeiten, die von den Teilnehmern umgesetzt werden sollen, muss dies genau so artikuliert werden. Das gilt übrigens nicht nur für klassische Workshops, sondern in gleichem Maße auch für Meetings und Besprechungen, in denen leider viel zu oft über alles Mögliche geredet wird, aber nicht unbedingt über das, was konkret von den Anwesenden zu beeinflussen ist.

In den allermeisten Fällen geht es in einer Moderation darum, Maßnahmen zu erarbeiten, die von den Beteiligten selbst umgesetzt werden können. Dementsprechend muss auch das Augenmerk des Moderators bei der Planung im Vorfeld und bei der Formulierung der Frage auf den Beeinflussungsgrad gelegt werden. Sonst ist die Alibimoderation vorprogrammiert.

Die Basis für gute und umsetzungstaugliche Ergebnisse wird auch hier im Vorfeld des Meetings oder des Workshops gelegt. Die Rahmenbedingungen glasklar abzustimmen und auch transparent zu machen ist Aufgabe und Verantwortung des Moderators! Dabei ist es völlig unerheblich, ob es sich um ein kleines Meeting, einen Halbtages-Workshop oder eine umfassende Klausur handelt. Wenn wir Menschen partizipativ einbinden, dann müssen wir auch sicherstellen, dass das gemeinsame Arbeiten Sinn macht.

Moderatoren, die dem Beeinflussungsgrad keine Beachtung schenken, laufen Gefahr, dass

- die Ergebnisse nicht oder nur zu einem Teil genutzt werden können,
- die Auftraggeber dementsprechend unzufrieden bis aufgebracht reagieren,
- die Teilnehmer frustriert sind, weil ihre mit Herzblut und Engagement erarbeiteten Ergebnisse nicht weiter verfolgt werden.

Und doch passiert es so schnell, dass man im Eifer des Gefechtes den Beeinflussungsgrad mal eben außen vor lässt und am Ende des Tages Ergebnisse erhält, die niemanden wirklich zufriedenstellen. Folgende Dreiteilung hilft Ihnen, sich und Ihre Gesprächspartner für den jeweiligen Beeinflussungsgrad der Teilnehmer zu sensibilisieren.

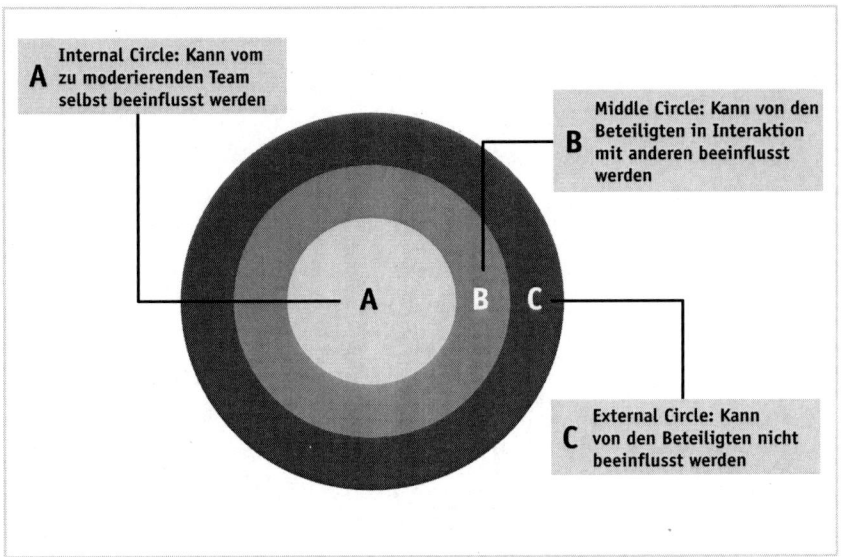

Abbildung 3: Die drei Stufen der Beeinflussung (Beeinflussungsgrad der Beteiligten)

Diese Dreiteilung unterstützt Sie bei der Vorbereitung und sollte Sie auch während der Moderation immer begleiten. Im Vorfeld schärfen diese drei Kreise das Bewusstsein für die Ausrichtung der Moderation:

- Welche Kategorien von Antworten bringen uns am Ende des Tages weiter?
- Sind die Teilnehmer, die wir einladen möchten, auch in der Lage, innerhalb dieser Kategorien Antworten zu erarbeiten oder gilt es, den Teilnehmerkreis zu überdenken?
- Durch welche Fragestellungen stelle ich sicher, dass die Antworten auch genau aus diesen Kategorien kommen und die Teilnehmer nicht unbewusst in anderen Gewässern fischen?

Für sehr viele Moderationssituationen ist die Wunschsituation der Auftraggeber, dass die Teilnehmer am Ende des Meetings oder Workshops ihre Antworten und abgeleiteten Maßnahmen direkt im internal Circle finden. So kann die Aufgabenstellung durch das zu moderierende Team selbst gelöst werden. Dann gilt es aber, die Aufgabenstellung genau so zu formulieren. Denn es ist nur allzu menschlich, dass auf der Suche nach Lösungen zunächst in fremden Becken nachgeschaut wird. Kommuniziere ich hier nicht glasklar, so habe ich am Ende des Tages garantiert jede Menge Antworten aus dem external Circle. Das Service-Thema von vorhin ist hier ein absolutes Paradebeispiel und ganz gewiss kein Einzelfall.

Es kann darüber hinaus durchaus sinnvoll sein, im Rahmen einer Moderation Lösungsansätze aus allen drei Kreisen aufzubereiten. Bleiben wir beim Beispiel unserer kieferorthopädischen Praxis. Die Damen am Empfang erleben die Situation im Eingangs- und Wartebereich den ganzen Tag hautnah. Und natürlich bekommen sie auch im Gespräch mit den Patienten Dinge mit, die nicht bis zu den Ärzten ins Behandlungszimmer durchdringen. Keine Frage, dass sie sich auch gut vorstellen könnten, durch welche technische Unterstützung der Ablauf für die Patienten noch komfortabler vonstattengehen könnte. Warum sollten sie mit ihren guten Ideen hinterm Berg halten? Schließlich ist die eine oder andere mit Investitionen verbundene technische Neuerung ja durchaus auch im Sinne der Chefs.

Es ist hier die Aufgabe des Moderators, genau diese Rahmenbedingungen im Vorfeld abzusprechen und transparent zu machen. Worauf soll der Fokus gerichtet werden? Was bringt alle am Ende des Tages einen guten Schritt weiter?

Die oberste Maßgabe bei allem ist, sinnhaft zu moderieren. Wenn die Teilnehmerinnen aus unserem Beispiel ihren Fokus bewusst auf den internal Circle richten und hier auch von ihnen umsetzbare Lösungen entstehen, dann lassen wir eine zündende Idee aus dem middle oder external Circle dennoch nicht in den Papierkorb wandern. Wir laden die Teilnehmerinnen vielmehr ein, neben den vielen selbst umsetzbaren Ergebnissen diese außen einzuordnende Idee sozusagen als Kür ebenfalls mitzunehmen und den Chefs zu präsentieren.

Manchmal ist der external Circle Programm

Das Wunschkonzert ist bei vielen Moderationen das Ergebnis, das man am allerwenigsten haben möchte. Und trotzdem passiert es oft. Das sind dann die vorhin geschilderten Fälle, bei denen man nicht gerne vor der eigenen Türe kehrt, sondern lieber den anderen Hausaufgaben aufgibt.

Aber manchmal ist das Fischen im fremden Gewässer auch der Plan. Hier unterscheidet man zwei Kategorien:

• Moderation ohne Handlungserwartung
• Moderation mit Handlungserwartung

Moderation ohne Handlungserwartung

Nun mögen Sie sich fragen, ob es Moderationen ohne Handlungserwartungen tatsächlich gibt und ob diese dann überhaupt Sinn machen? Solche Moderationen gibt es durchaus und sie machen auch Sinn. Eine Teilnehmerin meiner Ausbildung zum systemischen Moderator ist beispielsweise Marktforscherin in einem großen Molkereiunternehmen. Hier sind die Produktentwickler natürlich kontinuierlich dabei, neue, interessante und verkaufsstarke Produkte marktgerecht zu kreieren. In diesem Umfeld spielen Workshops eine wesentliche Rolle. Und in einigen dieser Workshops geht es ganz bewusst darum, die Wünsche und Vorlieben der Verbraucher kennenzulernen. Die Aufgabe der Teilnehmer ist es lediglich, Impulse zu geben. Sie haben aber keine direkten und konkreten Erwartungen hinsichtlich der Umsetzung.

Selbst erleben konnte ich eine solche Moderation ohne Handlungserwartung bei einem großen Finanzdienstleister. Hier ging es im Rahmen eines Workshops darum, die Erwartungen und Bedürfnisse einer bislang noch nicht gut durchdrungenen Zielgruppe näher kennenzulernen. Auch hier war klar: Alle Teilnehmer waren Impuls- und Ideengeber. Sie haben das gerne gemacht und erwarten auch keine direkte Umsetzung ihrer Vorschläge in die Praxis.

Sie sehen es an diesen beiden Beispielen: Diese Form der Moderation muss ganz klar im Vorfeld als solche gekennzeichnet sein. Dann haben die Teilnehmer immer noch die Wahl, als Impulsgeber dabei zu sein oder nicht.

Moderation mit Handlungserwartung
Immer dann, wenn es um größere Lösungen geht, die in ihrer Dimension über den Verantwortungsbereich der einzelnen Teilnehmer hinausgehen, bekommt die Festlegung und Bekanntmachung der Rahmenbedingungen eine entscheidende Bedeutung. Die Teilnehmer können Entscheidungen nicht direkt und selbst treffen, sind aber dennoch dazu angehalten, einen wertvollen Beitrag zum Gesamterfolg zu leisten. In dieser sehr häufig eintreffenden Situation ist der Moderator in der Verantwortung, die Rahmenbedingungen im Vorfeld mit dem Auftraggeber abzustimmen. Der Dreh- und Angelpunkt ist hierbei der im nachfolgenden Kapitel erläuterte Punkt des Moderationschecks: die Umsetzungschance.

2.4 Moderationscheck: Umsetzungschance

Moderationen bieten viele Chancen und ein großes Risiko – die Demotivation der Teilnehmer. Ob bei einer Pflichtteilnahme im Unternehmen oder einer Mitwirkung auf freiwilliger Basis, beispielsweise bei einer Zukunftskonferenz einer Kommune – die Teilnehmer investieren jede Menge Zeit, Hirnschmalz und Herzblut. Das macht nur dann Sinn, wenn die Veranstalter auch ein ehrliches Interesse an den Ergebnissen haben und bereit dazu sind, mit den entstandenen Lösungsansätzen – zumindest in Teilen – weiterzuarbeiten.

Werden Moderationen als Alibiveranstaltungen eingesetzt, ist die Frustration der Teilnehmer sicher. Und verständlicherweise ist auch die Moderation als Methode bei diesen Personen für lange Zeit verbrannt.

Es ist also genau darauf zu achten, ob die Themen, Ideen und Lösungsansätze, die mithilfe einer Moderation erarbeitet werden, auch tatsächlich weiterentwickelt werden sollen beziehungsweise können.

Dies ist beispielsweise dann der Fall, wenn ein Ergebnis bereits inoffiziell feststeht, im Nachhinein aber doch den Beteiligten das Gefühl gegeben werden soll, einbezogen worden zu sein. Das hört sich hinterhältiger an, als es gemeint ist.

Zur Verteidigung kann man durchaus sagen, dass sich die Auftraggeber solcher Moderationen häufig nicht bewusst sind, dass sie die Initiatoren einer Alibiveranstaltung sind! Ich selbst habe erst in jüngster Zeit wieder einen Auftrag abgelehnt. In bester Absicht sollten Anwohner zu einer Dialogveranstaltung eingeladen werden. Nur – es gab gar nichts zu besprechen und zu erarbeiten. Die Entscheidung über die Umsetzung einer geplanten Maßnahme lag in anderen Händen. Eine solche Dialogveranstaltung hätte sicherlich das Interesse der Anwohner geweckt – aber wie groß wäre dann die Enttäuschung, wenn sie im Nachhinein gemerkt hätten, dass dabei gar nicht herauskommen kann. Moderation muss Sinn machen. Immer.

Der Moderationscheck »Umsetzungschance« bedeutet aber nicht automatisch hopp oder topp. Ein wichtiger Bestandteil dieses Klärungspunktes liegt in der Festlegung der Rahmenbedingungen. Welche Restriktionen gilt es, transparent zu machen? Welche Entscheidungen stehen schon fest und müssen beachtet werden, damit die Lösungsansätze auch eine realistische Umsetzungschance haben? Und in welchem konkreten Bereich macht Moderation Sinn?

Möglicherweise stellen Sie sich jetzt gerade die Frage, was um Himmels willen eine Moderation noch soll, wenn beispielsweise eine Standortschließung bereits beschlossene Sache ist? Gerade in solchen prekären Situationen ist die Moderation eine wertvolle Intervention! Über die Frage: »Was hätte man anstatt der Standortschließung tun können?« braucht man sich allerdings nicht den Kopf zerbrechen. Sinnvoll ist vielmehr die konstruktive Auseinandersetzung mit dem Thema: Den Sinn und Hintergrund zu verstehen und einen gemeinsamen Umgang mit der anspruchsvollen Situation zu finden sind hier wichtige Schritte, die durchaus gut durch Moderationen bearbeitet werden können.

Gerade ging es um sehr enge Restriktionen. Häufig möchten Auftraggeber ein Thema auch einmal ganz ohne Einschränkung völlig offen bearbeiten lassen. Das klingt zunächst gut – ich hake an dieser Stelle dennoch ganz genau nach.

Stellt sich durch die Beantwortung der Fragen heraus, dass die Moderation sinnvoll und nutzbringend ist, bin ich als Moderatorin gerne dabei!

Spinnen ist super – aber es muss Sinn machen. Und es muss kommuniziert werden. Lassen wir die Alibis im Tatort. In der Moderation jedenfalls haben sie nichts verloren!

2.5 Moderationscheck: Keine Moderation ohne Ziel

Wenn ich bereits im Vorfeld weiß, was am Ende einer Moderation herauskommen soll, dann ist es eine Alibimoderation. Moderationen sind nur dann Moderationen, wenn sie ergebnisoffen sind. Soweit, so gut.

Doch Vorsicht – jede Moderation braucht dennoch ein Ziel! Das Ziel ist sozusagen das Gefäß. Das erarbeitete Ergebnis ist der Inhalt, mit dem es gefüllt ist. Ziel eines Workshops kann es sein, die Kommunikation im Team zu verbessern. Das Ergebnis sind die einzelnen Schritte und Maßnahmen, mit denen dies erreicht werden soll.

Ob konkret und umsetzbar oder visionär – das Ziel muss in jedem Fall gut durchdacht und dann auch so transparent gemacht werden. Ausschlaggebend sind hierfür die Punkte des Moderationschecks:

- Gruppenbetrachtung mithilfe der Aggressionsskala
- Themenbeleuchtung anhand der Komplexität und Anzahl der Beteiligten
- Beeinflussungsgrad mit dem internal, middle und external Circle
- Beurteilung der Umsetzungschance und Festlegung von Rahmenbedingungen

Diese vier Punkte geben Auskunft darüber, ob und unter welchen Bedingungen eine Moderation sinnvoll ist. Sie verdeutlichen sowohl dem Auftraggeber als auch dem Moderierenden die Situation mit all ihren Chancen und Risiken. Gemeinsam kann nun das finale Ziel formuliert werden.

In agilen Prozessen kommt der Festlegung des Zieles eine besondere Bedeutung zu. Entscheidend ist, dass das agile Arbeiten mit seinen Auswirkungen nicht zum Selbstzweck wird. Über allem steht immer das gemeinsame Ziel, welches erreicht werden soll. Denn darauf soll sich alles Arbeiten und demzufolge auch jedes einzelne Meeting beziehen. Da kann es hilfreich sein, dieses Ziel zu visualisieren und stets am Meeting-Point präsent zu haben.

Die Frage: »Kommen wir durch diese Maßnahmen unserem Ziel näher?« begleitet das Team durch das gesamte Projekt.

3.
Das Erfolgskonzept einer zielführenden Moderation

3.1 Agil heißt nicht konzeptlos

Sträuben sich Ihnen die Nackenhaare, wenn Sie von einem Moderationskonzept, von Ablaufplänen und Moderationsprozessen lesen? Bedeutet agil nicht gerade, dass nicht alles nach Plan laufen muss, dass man Fehler machen darf und einfach mal loslegt?

Ja, so sehe ich das auch. Zumindest zu einem guten Teil. Denn agil zu moderieren heißt für mich, nicht planlos zu sein. Das wäre für mich eher blauäugig. Oder hilflos. Agil zu moderieren heißt für mich, wach zu sein, offen für andere Perspektiven, fokussiert auf das gemeinsame Ziel und nicht auf den eingeschlagenen Weg.

Agilität ist kein Freibrief. Genau genommen ist agile Moderation die Königsklasse der Moderation. Um mit Herz und Verstand im richtigen Moment das Richtige zu tun, bedarf es einer profunden Basis.

Das ist wie beim Wandern. Stellen Sie sich vor, Sie sind im Urlaub an einem Ort, an dem Sie noch nie zuvor gewesen sind. Voller Spannung und Vorfreude schnüren Sie Ihre Wanderstiefel. Sie werden neben Ihrer Marschverpflegung sicherlich eine Wanderkarte einpacken und sich auch an die empfohlenen Wanderwege halten. Schließlich wollen Sie am Ende des Tages rechtzeitig und wohlbehalten im Hotel ankommen. Fühlen Sie sich hingegen in der Umgebung wie zu Hause, finden Sie sich auch ohne Wanderkarte zurecht. In der vertrauten Umgebung kennen Sie sich gut aus, Sie wissen, wie die Wege beschaffen sind und durch welche Umgebung sie führen. So können Sie sich an jeder Weggabelung situativ entscheiden, welcher Weg bei diesem Wetter und mit diesen Kraftreserven jetzt für Sie der Beste ist. Und manchmal werden Sie sich dafür entscheiden, querfeldein zu gehen.

Ich lade Sie ein, sich mit der Wanderkarte der Moderation zu
den Sie vertraut mit dem Wesentlichen. Lernen Sie Erfolg
Stolperfallen kennen. Lassen Sie sich darauf ein und es '
fallen, Ihr Moderationswissen agil, sinnvoll und zielführend einʐ⸗

3.2 Den Moderationscheck umsetzen

Wer möchte das nicht, perfekt bis ins letzte Detail auf eine Sache vorbereitet zu sein, um sie dann mit Bravour zu beginnen und souverän zu einem
erfolgreichen Ende führen zu können.

Nach meiner Erfahrung wird das allerdings immer schwieriger. Oft ändern
sich kurzfristig noch jede Menge Details, sodass es schier unmöglich wird,
dem eigenen Perfektionismus gerecht zu werden. In der Vorbereitung einer
Moderation macht es zwar durchaus einen Unterschied, ob ich einen zwei-
tägigen Strategieworkshop vor mir habe oder ob es um die Begleitung der
Kollegen durch ein kurzfristig einberufenes Meeting geht.

Doch welche Moderationsaufgabe auch immer vor uns liegt – planlos sollten wir sie nicht angehen.

Und selbst wenn die Vorbereitungszeit minimal ist – es gibt einige Erfolgsfaktoren, die uns als Moderatoren wirkungsvoll dabei unterstützen,
die Gruppe sinnvoll und zielführend zu begleiten. Wenn Sie diese Punkte
verinnerlichen, werden diese automatisch vor Ihrem geistigen Auge auf-
blitzen, wenn Sie sich auf dem Weg zum Meetingraum machen.

Nach meinem Dafürhalten zeichnet sich eine gute Vorbereitung in erster
Linie durch die Qualität des Einlassens auf die Gruppe und auf das zu moderierende Thema aus! Die methodische Ausgestaltung kommt immer erst
danach.

Vergegenwärtigung des Moderationschecks

Die im letzten Kapitel aufgezeigten Schritte des Moderationschecks bilden die Entscheidungsgrundlage, ob eine Moderation die zielführende Intervention für die gegebene Aufgabenstellung ist. Im Falle einer positiven Entscheidung werden die Rahmenbedingungen darauf aufbauend festgesetzt. Die einzelnen Check-Punkte sollten uns während der Vorbereitungsphase begleiten und uns wichtige Hinweise für die einzelnen Arbeitsschritte geben. Gehe ich nach dem Moderationscheck beispielsweise von einem höheren Aggressionspegel aus und habe ich die unterschiedlichen in Kapitel 2.1 aufgezeigten Handlungsoptionen abgewägt und besprochen, fließen diese direkt in die inhaltliche Vorbereitung ein. Auch die Beachtung von Beeinflussungsgrad und Umsetzungschance spielen in den unterschiedlichen Phasen der Moderation eine ausschlaggebende Rolle. Gemeinsam mit der Aufgabenstellung bildet der Moderationscheck die Basis für die inhaltliche und methodische Ausarbeitung der einzelnen Moderationsschritte. Manchmal gibt es aber Situationen, da haben Sie keine Zeit für eine Vorbereitung oder gar die Ausarbeitung eines Moderationsplanes. Dann gilt es, trotzdem eine gute Figur zu machen. In solchen Notsituationen benötigen Sie ein Notprogramm, dass Sie beim Weg in den Meetingraum im Kopf durchgehen können. Folgende Fragen helfen Ihnen dann weiter:

Blitz-Check

- Ist die Gruppe bereit für eine konstruktive Moderation?
- Ist das Thema prädestiniert für die Gruppe oder geht es um einen Einzelnen?
- Was ist das Ziel des Meetings?
- Welchen Beeinflussungsgrad haben die Teilnehmer? (Entscheidend für die richtige Formulierung Ihrer Fragen!)
- Unter Berücksichtigung welcher Rahmenbedingungen besteht auch eine Umsetzungschance? (Entscheidend für die richtige Formulierung Ihrer Fragen!)

Gestalten Sie ein Chart, auf dem die folgenden Fragen visualisie'
- Sind wir noch auf Zielkurs?
- Fischen wir auch im richtigen Gewässer?
- Entsprechen unsere Lösungen den Rahmenbedingungen?

Stellen Sie den Teilnehmern dieses Chart vor und platzieren Sie es gut sichtbar im Meetingraum. Dann werden Sie als Moderator – genau wie die Teilnehmer – immer wieder daran erinnert, dass Sie sich auf Zielkurs befinden und zielorientiert unter Beachtung der Rahmenbedingungen und Ihres Beeinflussungsgrads arbeiten.

3.3 Der Moderationsplan auf einen Blick

Die Erstellung eines Planes für die Moderation ist eine gute Möglichkeit, um sich intensiv und konkret mit der zu moderierenden Gruppe, der Thematik und den möglichen Moderationsmethoden auseinanderzusetzen. Er bringt die Gedanken in eine Form und damit Struktur in die Thematik. Ist der Moderationsplan dann fertig, stellt er für Sie ein wesentliches Hilfsmittel dar. Der Moderationsplan verknüpft

- inhaltliche Aspekte mit
- methodischen Details und
- organisatorischen Hinweisen.

Natürlich kommt es häufig anders, als man denkt. Was glauben Sie, wie viele wunderbar ausgearbeitete Moderationsabläufe ich im Laufe meiner Moderationstätigkeit schon agil geändert und situativ angepasst habe. Das heißt aber nicht, dass die Vorbereitung umsonst gewesen ist. Durch die Auseinandersetzung im Vorfeld kann ich neue Situationen besser einschätzen und schnell in die Struktur einarbeiten. Mein Moderationsplan berücksichtigt hierbei folgende acht Kategorien:

Uhrzeit – gibt zeitliche Orientierung
- **Dauer** – gibt zeitliche Orientierung
- **Thema** – Überbegriff der Moderationssequenz
- **Ziel** – Was will ich in dieser Sequenz erreichen?
- **Inhalt** – Mit welcher Frage will ich das Ziel erreichen?
- **Methode** – Welche Methode unterstützt mich?
- **Material** – Welche Materialien benötige ich hierzu?
- **Wer** – Wer ist hierbei aktiv und an der Reihe?

Dargestellt werden solche Pläne idealerweise in Tabellenform. Ich arbeite hierbei mit Excel-Tabellen im Querformat. Sehen Sie auf der folgenden Seite beispielhaft die ersten drei Schritte eines Moderationsplans.

Die ersten beiden Spalten **Uhrzeit** und **Dauer** geben einen Überblick über den zeitlichen Rahmen jeder einzelnen Moderationssequenz.

In der Rubrik **Thema** werden die Überbegriffe der einzelnen Moderationssequenzen genannt.

Die inhaltlichen Kategorien des Planes sind die beiden Punkte **Ziel** und **Inhalt**. Da die Sinnhaftigkeit jeder Moderation für mich das oberste Gebot darstellt, sind diese Spalten für mich die wichtigsten. Denn hier sind wir als Moderatoren mit Herz und Hirn gefordert.

Die beiden Kategorien liegen gedanklich recht nah beieinander, weswegen manche sie kurzerhand in einem Punkt zusammenfassen. Das allerdings ist eine gefährliche Stolperfalle! Es handelt sich zwar um aufeinander aufbauende Kategorien – aber jede Einzelne davon ist elementar wichtig!

In der Kategorie »Ziel« beschreibe ich, was genau durch diesen Schritt erreicht werden soll. Und in der Kategorie »Inhalt« widme ich mich dem Wie, also der konkreten Frage, durch deren Bearbeitung die Teilnehmer das Ziel erreichen sollen. Habe ich beide Kategorien befüllt, sollte ich mir als

Uhrzeit	Dauer in Minuten	Thema	Ziel	Inhalt	Methode	Material	Wer?
9:00	10	Begrüßung	Moderator vorstellen, Vertrauen aufbauen, Überblick über den Tag geben	Begrüßungsworte, Information zur Person, Vorstellung der Agenda	Vortrag	Willkommens-flipchart; Flipchart mit Agenda	Moderator
9:10	10	Einstieg	Stimmung zum Thema erkennen	Frage: »Wie bewerten Sie die Kommunikationskultur im Unternehmen?« Skala von 1 bis 10 (1 = sehr schlecht, 10 = optimal)	Einpunktabfrage	Flipchart mit aufgezeichneter Skala, ein Klebepunkt für jeden Teilnehmer	alle Teilnehmer
9:20	30	Bestandsaufnahme	Konkrete Bilanz: Was läuft gut? Was läuft schlecht?	Frage: »Wenn Sie an die Kommunikation in Ihrem Unternehmen denken: Was konkret läuft gut?« (Antworten auf die grünen Kärtchen) »Wo sehen Sie Verbesserungspotenzial?« (Antworten auf die roten Kärtchen)	Gruppeneinteilung mit Süßigkeiten, Kartenabfrage	Süßigkeiten, visualisierte Frage, für jede Gruppe ein Flipchart zum Mitnehmen in den Gruppenraum, Kärtchen in grün und rot, Flipchartstifte	Teilnehmer in 3 Gruppen à 4 Personen

Kontrolle immer die Entscheidungsfrage stellen: »Führt die Beantwortung dieser Frage auch tatsächlich zum Ziel?«

Beispiel:
Ziel: *Den Unternehmenswert »Wertschätzung« auf die Verhaltensebene herunterbrechen und erlebbar machen.*
Inhalt: *»Durch welches konkrete Verhalten Ihrer Kollegen können Sie erkennen, dass diese Ihnen Wertschätzung entgegenbringen?«*

Zu den Teilnehmern meiner Moderationsausbildungen sage ich immer, »Wenn ihr in euren Moderationsabläufen die Kategorie »Ziel« nicht befüllen könnt, dann könnt ihr diese geplante Moderationssequenz direkt streichen!«

Ich empfehle, die einzelnen Schritte einer Moderation immer zunächst mit dem inhaltlichen Fokus zu konzipieren. Erst dann stellt sich die Frage, welche Methode mir hierbei den besten Dienst erweisen kann. Andersherum wird es gefährlich. Wir Moderatoren müssen immer aufpassen, dass wir uns nicht in Methoden verlieben. »Ach und am Nachmittag wäre doch noch ein World Café super ...« Lassen Sie sich von der Methodenliebe nicht verführen. Jeder Moderationsschritt muss Sinn machen. Ohne Ziel keine Methode!

Natürlich sind **Methoden** wertvolle Hilfsmittel für jede Moderation. Man sollte sich aber immer vor Augen führen, dass sie Mittel zum Zweck sind. Nicht weniger – aber auch nicht mehr. Die Methode ist dann gut gewählt, wenn sie der Zielerreichung dient. Selbstverständlich arbeite auch ich gerne mit verschiedensten Methoden und stelle Ihnen in den Kapiteln 5, 6 und 7 klassische, kreative und agile Varianten vor.

Es ist gut, sich im Moderationsplan auch mit den für die jeweiligen Methoden benötigten **Materialien** zu beschäftigen. Dann ist man nicht nur insgesamt gut vorbereitet, sondern hat vor jedem Schritt genau vor Augen, was im Einzelnen benötigt wird. Zumindest, wenn es nach Plan läuft. Mo-

derationsmaterialien sollten nicht unterschätzt werden. Im Verg'
reinen Gespräch bieten sie die Möglichkeit, Dinge sichtbar zu macrιc
festzuhalten. Das unterstützt während des Arbeitens und auch im Nachhinein.

In der **Wer**-Spalte finden sich immer die Personen, die gerade sprichwörtlich am Zug sind. Da steht dann bei der Begrüßung durch den Vorgesetzten
dessen Name und bei meiner Begrüßung eben meiner. Arbeiten die Teilnehmer in Kleingruppen, findet sich hier die Anzahl und Größe der Gruppen.
Wichtig wird diese Spalte, wenn gemeinsam moderiert wird. Dann weiß
jeder Moderator genau, an welcher Stelle er dran ist.

Und welche Erkenntnis aus der Erstellung des Moderationsplans geben wir
unseren Spontanmoderatoren auf dem Weg zum Meetingraum an die Hand?

Blitzlichter auf dem Weg zum Meetingraum:
- Welches Ziel möchte ich im Meeting (als Erstes) erreichen?
- Mit welcher Frage gelingt mir das?
- Welche methodischen Details oder Hilfsmittel können mir hierbei gute
  Dienste erweisen?

3.4 Die sechs Moderationsphasen

In meiner Heimatstadt Backnang findet bereits seit 1985 mit dem traditio-
nellen Silvesterlauf ein sportliches Großereignis statt. Zahlreiche geübte
Läufer reisen am letzten Tag des Jahres in die süddeutsche Gerberstadt,
um sich mit ihresgleichen zu messen. Freilich nehmen bei solch einer lo-
kalen Veranstaltung neben den durchtrainierten Cracks immer auch zahlreiche Gelegenheitsläufer teil. Sie genießen die besondere Atmosphäre und
haben neben der sportlichen Herausforderung auch einfach ihren Spaß.
Erkennen kann man die beiden Läufertypen übrigens schon vor dem Start.
Während die Gelegenheitsläufer noch mit Freunden plaudern, laufen sich

die Profis bereits warm. Und selbst nach dem Zieleinlauf ist für sie noch nicht Schluss. Durch lockeres Auslaufen beugen die Profis unangenehmen Muskelverspannungen vor.

Ein Stück weit ist das bei einer Moderation ähnlich: Möchte ich das Beste aus der partizipativen Arbeit herausholen, dann starte ich nicht unvermittelt von null auf hundert, sondern bereite zunächst mit einer abgestimmten Aufwärmarbeit den Boden für einen erfolgreichen Lauf. Und ich stoppe auch nicht abrupt, nachdem die Ergebnisse erarbeitet sind, sondern bringe vielmehr die gemeinsame Arbeit zu einem guten Abschluss.

Schon dieser vereinfachte Vergleich macht deutlich, dass sich der Ablauf einer Moderation immer aus unterschiedlichen Disziplinen zusammenfügt. Klassischerweise lässt sich der Moderationsablauf in sechs wichtige Schritte unterteilen. Dabei haben die einzelnen Schritte unterschiedliche Aufgaben. Ich orientiere mich hierbei gerne am Moderationszyklus von Josef W. Seifert (Seifert 2015: 100):

Schritt 1: Einsteigen

Die Startphase ist für alle Seiten ein Stück weit aufregend. Die Teilnehmer sind sich möglicherweise noch nicht sicher, ob sie Lust auf dieses Meeting oder diesen Workshop haben. Skeptische Blicke können da schon mal nach vorne wandern. Kenne ich als Moderator die Gruppe noch nicht, sind deshalb die ersten Minuten stimmungsentscheidend. Das macht es zugegebenermaßen nicht leichter.

Hilfreich ist es, wenn man gleich zu Beginn das Eis brechen kann. Die Begrüßung sollte kurz und sympathisch sein. Toll ist es, wenn man einen aktuellen Bezug herstellen kann. Hat es über Nacht überraschend geschneit, ist auf der Autobahn gerade Vollsperrung und alle haben im Stau gestanden, scheint nach einer Woche Regen heute wieder die Sonne, ist zufällig gerade Valentinstag oder ist Deutschland am Vorabend Weltmeister geworden? (Ich hatte am Morgen nach dem durchaus nervenaufreibenden

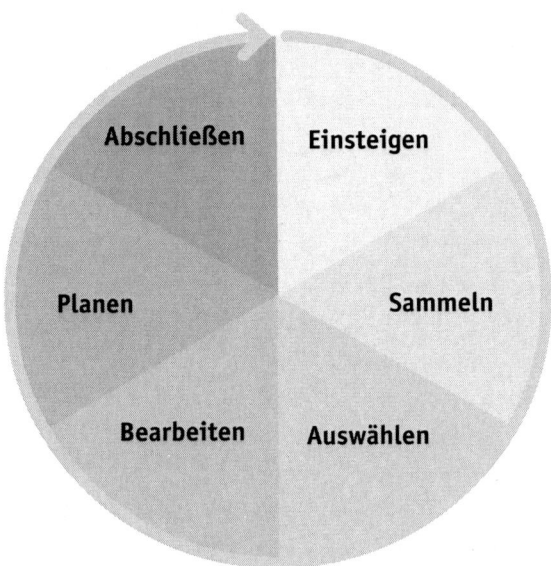

Abbildung 4: Moderationszyklus nach Josef W. Seifert

WM-Finale am 13. Juli 2014 direkt eine Großgruppenmoderation. Das war natürlich die absolute Steilvorlage.) Aber bitte schauen Sie, dass das, was Sie sagen, auch für Sie und für die Teilnehmer passt. Es sollte nichts sein, was an den Haaren herbei gezogen scheint! Dann geht der Schuss nach hinten los. Halten Sie einfach Ihre Augen offen und seien Sie gespannt, was Ihnen auf- und einfallen wird.

Und wenn dann schon mal die erste Hürde geschafft ist, fällt es schon leichter, auch die weiteren Punkte der Startphase gut zu bewältigen.

Die zwei wichtigsten Ziele der Startphase sind:
• Vertrauen aufbauen
• Ausblick und Transparenz über Inhalte und Ablauf

Damit die Teilnehmer Ihnen ihr Vertrauen schenken und Ihnen die sichere Führung durch den Moderationsprozess auch zutrauen, braucht es zunächst eines: Ihr eigenes Zutrauen!

Doch damit nicht genug: Sie dürfen Ihr Zutrauen gleich noch einmal verschenken – an Ihre Teilnehmer! Sie sollten es nicht nur sich selbst zutrauen, die Gruppe gut zu begleiten, sondern Sie sollten es darüber hinaus auch der Gruppe zutrauen, am Ende des Tages zu einem guten Ergebnis zu kommen. Auch wenn Sie die Teilnehmer noch nicht kennen: Schenken Sie Ihnen schon mal eine gute Portion Vertrauensvorschuss!

Und genau diese Botschaft darf dann auch rüberkommen: »Ich bin überzeugt, dass Sie als Team am Ende des Tages zu einem guten Ergebnis kommen werden!« So oder so ähnlich sage ich das tatsächlich. Und das Wichtigste: Ich meine es auch so!

Vertrauen Sie sich und vertrauen Sie den Teilnehmern.

Ein Absolvent meiner Ausbildung zum systemischen Moderator ist Kölner und von ihm habe ich folgendes gelernt:

»Et kütt wie et kütt un et hätt noch immer god gegange.«
Kölsche Lebensweisheit

Was soviel bedeutet wie: Es kommt, wie es kommt und es ist bisher noch immer gut gegangen. Nachlesen kann man das im sogenannten Kölner Grundgesetz. Und auch wenn ich keine Rheinländerin, sondern Schwäbin bin: Dieser Ausspruch passt so wunderbar zum positiven Grundvertrauen, welches jeder haben sollte, der die Herausforderung der agilen Moderation annimmt!

Ein greifbarer Baustein auf dem Weg zu einer konstruktiven und vertrauensvollen Zusammenarbeit ist Transparenz. Wenn sich die Teilnehmer auf den Moderationsprozess einlassen sollen, so brauchen sie dafür auch Klarheit über das Ziel und den Ablauf des Workshops. Häufig werden Einladungen zu Meetings und Workshops ja leider ohne weitere Infos kurz und knapp über Outlook verschickt. Das heißt, die Teilnehmer werden über Ziel und Inhalt komplett im Unklaren gelassen. Das wirkt sich nicht gerade positiv auf die Einstellung der Teilnehmer aus. Wenn Sie also Einfluss nehmen können oder selbst einladen, dann schauen Sie bitte, dass die Teilnehmer bereits durch die Einladung gut informiert sind. Darüber hinaus sollte der Ausblick auf den Tag in jedem Fall ein wichtiger Teil der Einstiegssequenz sein.

Diese Punkte sollten Sie in der Startphase thematisieren:
- Vorstellung des Moderators (kurz und knapp),
- Zielsetzung des Workshops,
- grober Ablauf.

Und je nach Situation können noch optional ergänzt werden:
- Begrüßung durch den Veranstalter oder Vorgesetzten,
- Thematisierung der Moderatorenrolle (wichtig bei moderierenden Führungskräften),
- Regeln für die Zusammenarbeit (zum Beispiel Handy und Laptop aus),
- gegenseitiges Kennenlernen,
- Erwartungsabfrage der Teilnehmer,
- Standpunkt zum Thema abfragen, beispielsweise durch eine Einpunkt-Abfrage auf einer Skala (Kapitel 5.5, siehe Seite 147 ff.).

Schritt 2: Sammeln
Nachdem die Teilnehmer während der Startphase auf die Ziele des Workshops oder Meetings eingestimmt wurden, beginnt nun die inhaltliche Arbeit. Während der Sammelphase wird das Thema sozusagen »aufgemacht«.

Mit einer klugen Fragestellung werden die Teilnehmer dazu eingeladen, ihre Unterthemen, Ideen oder Lösungsansätze zum identifizierten Workshop- oder Meeting-Thema zu nennen. Zum Sammeln eignen sich unterschiedliche Methoden, von denen Sie einige auch hier in diesem Buch finden.

Wichtig für den Moderator: Unabhängig von der gewählten Methode: Achten Sie auf die Fragestellung. Hier liegt Ihre Verantwortung.

Nachdem die Antworten gesammelt wurden, werden sie sortiert und entsprechend ihrer Gemeinsamkeiten geclustert, also in Kategorien zusammengeführt. Am Ende dieses Schrittes haben Sie einen nach Schwerpunkten sortierten Überblick über alle erarbeiteten Antworten.

Schritt 3: Auswählen

Wenn Sie mit einer klugen Fragestellung Ihre Teilnehmer zu einer Fülle an kreativen Ideen inspiriert haben, ist das zunächst natürlich eine wunderbare Sache. Um aber konkret weiterarbeiten zu können, wird sich die Gruppe aus Budget-, Zeit- oder Ressourcengründen auf einige wenige Themen fokussieren müssen. Deswegen geht es im nächsten Moderationsschritt auch darum, genau die Themen auszuwählen, die weiter bearbeitet werden sollen. Ausschlaggebend können für die Entscheidung unterschiedliche Faktoren sein. Beispielsweise die Wirksamkeit, die schnelle oder möglicherweise auch die kostengünstigste Umsetzbarkeit. Und je nach Situation können im Zuge des Auswahlprozesses konkrete Antworten oder ganze Cluster priorisiert werden. Die Priorisierung erfolgt durch eine Mehrpunktabfrage (Kapitel 5.4, siehe Seite 144 ff.).

Wichtig für den Moderator: Bei der Auswahl der Themen gilt es sehr klug zu entscheiden, mit welcher Priorisierungsfrage Sie in die Bewertung gehen. Spätestens jetzt müssen die Ergebnisse des Moderationschecks hinsichtlich Umsetzungschance und Beeinflussungsgrad berücksichtigt werden.

Schritt 4: Bearbeiten

Während dieser Phase werden die priorisierten Themen entsprechend ihrer Bewertung weiter bearbeitet. Hier kann, wenn es die Gruppengröße zulässt, parallel an mehreren Themen gearbeitet werden.

Die Methoden und Möglichkeiten, dies zu tun, sind vielfältig. In den Kapiteln 5, 6 und 7 lernen Sie hierzu klassische, kreative und agile Vorgehensweisen kennen. Das wichtigste ist auch hier die kluge Fragestellung (Kapitel 4, siehe Seite 93 ff.). Diese muss man in der Bearbeitungsphase konkretisieren und sich dabei sowohl am Workshopziel als auch an den Rahmenbedingungen orientieren (Moderationscheck). Denn im nächsten Schritt geht's schon ans Tun!

Schritt 5: Planen

Jetzt wird's ernst. Einen guten Workshop, ein konstruktives Meeting, eine zielführende Sitzung erkennt man vor allem an einem: Am Ende des Tages muss auch etwas Konkretes und vor allen Dingen Zielführendes dabei herauskommen. Es ist doch nichts frustrierender als Endlosmeetings ohne Ergebnisse. Die Basis wird bereits am Anfang gelegt und erstreckt sich über die gesamte Meetingzeit. Wer bereits bei der Auftragsklärung sauber gearbeitet, das Ziel mitsamt den definierten Rahmenbedingungen dem Arbeiten zugrunde gelegt und schließlich noch den Beeinflussungsgrad berücksichtigt hat, der hat gute Chancen, bei diesem wichtigen 5. Schritt auch umsetzbare Maßnahmen zu erhalten. Festgehalten werden diese To-dos in einem klassischen Maßnahmenplan: »**Wer** macht **was** bis **wann**?« Je nach Situation kann es hierbei noch sinnvolle Ergänzungen geben. Diese können lauten: »Wer ist noch involviert?« Oder auch: »Wer kontrolliert die Umsetzung der Maßnahme?«

Schritt 6: Abschließen

Nachdem die Maßnahmen verabschiedet sind, ist das »eigentliche Pflichtprogramm« erledigt. Die inhaltlichen Punkte sind beschlossen und abgeschlossen. Um die Phase des Miteinanderarbeitens gut abzuschließen, ist es sinnvoll, das gemeinsame Arbeiten noch kurz zu reflektieren. Dies kann auf unterschiedliche Art und Weise geschehen. Sei es durch eine Feedback-runde, in der noch einmal Bezug auf die Erwartungen genommen wird oder beispielsweise auch durch eine Stimmungsabfrage mittels einer Skala (Kapitel 5.4, siehe Seite 144 ff.).

Ich persönlich schätze über die reine Reflexion hinaus einen Abschluss, der das Wirgefühl stärkt und das Commitment eines jeden Einzelnen betont. Gerade bei großen Veränderungen oder bei Kulturthemen im Unternehmen sind symbolische Handlungen sehr wertvoll und einprägsam. Wie einfach und unkompliziert das sein kann, zeigt das folgende Beispiel:

Am Ende eines Workshops zur Erarbeitung von Unternehmensleitsätzen haben die Teilnehmer die entwickelten Leitsätze auf die Pinnwand gebracht. Als gemeinsame Abschlussaktion wurden diese Leitsätze nun von allen Teilnehmern – bis hin zur Geschäftsleitung – mit bunten Markern unterschrieben. Es war eine sehr schöne und auch besondere Atmosphäre. Am Schluss standen alle ganz bewegt vor der Wand. Und natürlich kam das Foto dieses Abschlusswerkes auch ins Fotoprotokoll.

Gerade solche symbolischen Handlungen lassen sich auch im Kleinen gut umsetzen. Wenn Sie im Team beispielsweise gemeinsame Meeting-Regeln erarbeitet und verabschiedet haben, dann lassen Sie diese visualisieren und gemeinsam unterschreiben. Und wenn Sie das Ganze dann noch gut sichtbar im Meeting-Raum anbringen, können Sie sich bei jedem Meeting darauf beziehen und haben eine dauerhafte Erinnerung geschaffen.

3.5 Erfolgsfaktor Meeting-Atmosphäre

Für den ersten Eindruck gibt es keine zweite Chance. Das gilt nicht nur für den ersten Eindruck, den die Teilnehmer von Ihnen als Moderator haben, sondern auch für die Atmosphäre, die der Ort ausstrahlt, an welchem der

Workshop oder das Meeting stattfinden soll. Deswegen lohnt e sich hierzu ein paar Gedanken zu machen. Nein, das ist ke für den Meetingraum im Schlosshotel. Ich sagte »Gedanken m nicht »Geld ausgeben«. Natürlich ist es schön, einen Worksho nehmen, externen Räumlichkeiten durchzuführen. Von mir aus auch im Schlosshotel. Wenn es passt und wenn das Budget da ist, bin ich gerne dabei! Aber die Voraussetzung für einen gelungenen und zielführenden Workshop ist das definitiv nicht. Die Garantie übrigens erst recht nicht.

Mit der Atmosphäre meine ich etwas anderes. Mein Anspruch ist es, selbst wenn ich keinen Einfluss auf die Auswahl der Location nehmen kann, die vorhandenen Gegebenheiten so zu nutzen, dass sie meinen Teilnehmern und mir ein gutes und konstruktives Arbeiten ermöglichen.

Ich betrachte hierzu die bevorstehende Moderationssituation aus unterschiedlichen Perspektiven:

- Welches sind die **Rahmenbedingungen** und welchen Spielraum lassen sie mir?
- Gibt es **technische** Voraussetzungen, die zu berücksichtigen sind?
- In welchem **Setting** fühlen sich die **Teilnehmer** wohl?
- In welcher **Situation** befinden sich die **Teilnehmer** gerade, wenn sie ins Meeting kommen und mit welchen kleinen Freuden kann ich ihnen dann ein Lächeln aufs Gesicht zaubern?

Ich selbst arbeite sehr gerne im Stuhlkreis. Dennoch ist der Stuhlkreis für mich keine heilige Kuh. Wenn es sich technisch schlecht realisieren lässt (manche Tische sind komplett verkabelt, da lässt sich nichts rücken) oder ich das Gefühl habe, dieses Setting passt für die Teilnehmer nicht, dann lasse ich mich auch auf andere Varianten ein. Einzige Voraussetzung: Die Teilnehmer sollten sich anschauen können. Die parlamentarische Bestuhlung mit Tischreihen ist genauso ungeeignet wie die reine Reihenbestuhlung.

Überlegen Sie deshalb vor jedem Workshop und jedem Meeting, was für Sie, für Ihre Teilnehmer und Ihr Thema Sinn macht.

Wenn Sie Zugriff auf die Technik brauchen, sind Sie hier etwas gebunden. Brauchen Sie das nicht, können Sie Ihr Meeting auch an einem ganz anderen Ort durchführen. Möglicherweise lässt es sich ja zu manchen Zeiten in der leeren Cafeteria ganz bequem und ungestört arbeiten.

Kurze Projektmeetings in agilen Prozessen finden obligatorisch am Stehtisch statt. Da passen die Rahmenbedingungen wunderbar zum Anspruch, in einem eng begrenzten Zeitfenster die wichtigsten Punkte abzugleichen und auszutauschen.

Ein großes Manko ist häufig der Zustand der Räume

Moderieren Sie in einer externen Location, dann sollten Sie erwarten dürfen, dass der Raum in einem guten Zustand und auch gut vorbereitet ist. Hier können Sie im Vorfeld Ihre Ausstattungswünsche durchgeben und finden dann für gewöhnlich auch alles so vor. Auf was Sie sich allerdings nie verlassen sollten, ist das Moderationsmaterial. Oh ja – die Aussage »Ein Moderationskoffer ist da!« habe ich auch schon oft gehört! Also ich für meinen Teil reise nur noch mit eigenem Material.

Viele Meetings und Workshops finden aber in den Unternehmen selbst statt. Da reicht die Qualität der Meetingräume von »exklusiv mit High-end-Ausstattung« bis hin zu »klein, kahl und leblos«. Natürlich können Sie hier weder das Mobiliar austauschen noch die Wände streichen. Aber das heißt noch lange nicht, dass Sie frustriert die Hände in den Schoß legen müssen! Sie haben noch jede Menge selbst in der Hand! Probieren Sie es einfach aus: Gehen Sie in Ihren Meetingraum und wechseln Sie die Perspektive!

Angenommen, Sie wären fremd hier und würden diesen Raum zum ersten Mal betreten:

- Würden Sie sich wohlfühlen?
- Braucht es etwas frische Luft?
- Welchen Eindruck machen Whiteboard oder Flipchart?
- Sind hier noch die Notizen der letzten Besprechung zu sehen?
- Oder ist möglicherweise gar kein Papier auf dem Flipchart?
- Sind überhaupt Stifte da und wenn ja – schreiben sie auch?
- Passt die Bestuhlung zur Gruppengröße oder kann man durch wenige Handgriffe das Setting verändern?

Gehen Sie mit neugierigen und wachen Augen durch den Meetingraum!
Ob großer Workshop oder kleines Meeting. Das Ergebnis steht und fällt mit dem Engagement der Teilnehmer. Deswegen ist es mir wichtig, dass sich die Teilnehmer wohlfühlen, wenn sie in den Raum kommen und im Idealfall sogar ein wenig positiv überrascht sind. Dabei gibt es bei mir nicht immer die Standardausstattung nach Schema F. Pfiffig soll es sein. Und passend.

Sagen Sie jetzt bloß nicht: »Na, wenn Sie von extern kommen, haben Sie ja jede Menge Muße, sich hier was Nettes zu überlegen. Und außerdem sind Sie eine Frau. Für solchen Schnickschnack haben wir hier keine Zeit!« Ich habe männliche Führungskräfte erlebt, die vor dem Workshop morgens beim Bäcker vorbei gefahren sind und frische Brezeln für ihre Mitarbeiter mitgebracht haben. Und auch der Teamleiter, der zum Nachmittagsmeeting nicht die obligatorischen Besprechungskekse aus der Teeküche geholt (Schmecken die eigentlich irgendjemandem?), sondern frische, leckere Lebkuchen aufgetischt hat, kam von intern und war männlich! Keine Ausreden bitte für die Spontan-Täter. Dann horten Sie Ihre Gummibärchen nicht in Ihrer Schreibtischschublade, sondern schnappen Sie sich das Päckchen auf dem Weg zum Meeting. Sie haben gar keine Gummibärchen in der

Schreibtischschublade? Na, dann wird es aber höchste Zeit! Der nächste Supermarktbesuch kommt bestimmt.

Wir sind doch keine Arbeitsmonster – wir sind Menschen!
Das sollten wir uns immer mal wieder vor Augen führen. Und die gute Nachricht ist doch die: In angenehmer Atmosphäre lässt es sich definitiv besser arbeiten.

4.
Kluge Fragen – Erfolgsfaktor von Workshop, Meeting und Co

4.1 Sechs Erfolgsfaktoren, damit Ihre Frage auch ins Schwarze trifft

Fragen sind das Herzstück der Moderation. Durch die jeweilige Fragestellung wird der Fokus der Teilnehmer gelenkt. Letztendlich entscheiden Fragen über den Erfolg oder Misserfolg jeder Moderation.

Klingt nachvollziehbar und logisch, oder? Und genau das ist gleichermaßen auch die Herausforderung. Denn ganz so easy ist es eben nicht. Als Moderatoren dürfen wir die Fragestellung niemals auf die leichte Schulter nehmen. Gerade weil diese Sicherheit so nahe liegt. Denn Fragen zu stellen, gehört ja schließlich zu unserem Alltag: »Wann geht Ihr Flieger?«, »Was möchtest du gerne frühstücken?«, »Für welche Projektmitarbeiter haben Sie sich entschieden?«, »Welche Hausaufgaben hast du heute auf?«, »Was wünschst du dir zum Geburtstag?«, »Welchen Wein soll ich aus dem Keller mitbringen?« und so weiter und so fort.

Wir fragen von morgens bis abends. Und deswegen gehen wir ganz selbstverständlich auch davon aus, dass wir sie beherrschen, die Disziplin des Fragenstellens. Doch während wir im Alltag häufig Dinge abfragen, die wir nicht wissen – der Gesprächspartner jedoch schon – hat die Frage in der Moderation eine ganz andere Aufgabe:

In der Moderation geht es nicht darum, Bekanntes abzufragen, sondern Neues möglich zu machen! Und hierzu bedarf es einer zielführenden, klugen und inspirierenden Fragestellung, die die Menschen dazu inspiriert, anders zu denken.

»Unser Kopf ist rund, damit das Denken die Richtung ändern kann.«

Francis Picaba (1879 – 1953), französischer Schriftsteller, Maler und Grafiker

Auch wenn es die Erfahrung zeigt, dass man kluge Fragen l[...]
eben aus dem Ärmel schütteln kann, so folgt die gute Nac[...]
Fuße: Es gibt durchaus Erfolgsfaktoren und Hilfsmittel, die [...]
stützen, Ihre Fragetechniken auf sichere Füße zu stellen[...]
ganzen Strauß an neuen Möglichkeiten anzureichern!

Erfolgsfaktor 1 – Berücksichtigung des Moderationschecks

Sie merken es – der Moderationscheck begleitet uns auf Schritt und Tritt. Und hier bekommt er noch mal eine besondere Bedeutung. Denn die Fragestellung entscheidet letzten Endes darüber, ob es uns gelingt, die Erkenntnisse des Moderationschecks so umzusetzen, dass sich die Antworten innerhalb des geforderten Rahmens bewegen!

Bei der Formulierung ist es deshalb wichtig, sich noch einmal mit der Zielsetzung der Moderation auseinanderzusetzen:

- Was soll am Ende des Tages erreicht werden?
- Geht es um visionäre Ideen oder pragmatische, direkt umsetzbare Lösungen, wie sie im agilen Tun gefordert sind?

Transparenz und Ehrlichkeit sind die wichtige Basis einer zielführenden Zusammenarbeit. Deshalb gilt es, auch einen Blick auf die Rahmenbedingungen zu werfen:

- Welche Restriktionen sind zu berücksichtigen?

Und auch die Betrachtung des Beeinflussungsgrads (internal Circle, middle Circle und external Circle) ist bei der Formulierung der Frage von großer Bedeutung.

- In welchem der drei Kreise sollen die Antworten liegen?
- Oder sind Antworten in allen Kategorien gewünscht?

Und wenn ja – wie stelle ich sicher, dass auch alle Kategorien gleichermaßen bedient werden?

Durch die Art der Fragestellung gibt der Moderator die Kategorie der Antworten vor. Der Fokus der Teilnehmer kann genau auf den Bereich gerichtet werden, in dem auch die Lösungen gefordert sind.

> **Tipp**
>
> Wenn Sie mehrere Rahmenbedingungen zu kommunizieren haben, wird das unübersichtlich und verwirrend, wenn Sie das alles gemeinsam mit der Frage in einen Satz packen möchten. Sie können die Rahmenbedingungen dann auch in einem Eingangssatz nennen und erst danach die eigentliche Frage stellen.

Beispiel:
Unser jährliches Vertriebsmeeting findet am 17. Oktober ganztägig in Frankfurt statt. Als Dankeschön für das gute Geschäftsjahr wird das Meeting mit einem Abendevent enden. Die Anschlussübernachtung in Frankfurt ist inkludiert. Das Pro-Kopf-Budget beträgt XY Euro. »Mit welchen Ideen für das Abendevent bringen wir unsere Mitarbeiterinnen und Mitarbeiter zum Jubeln?«

Erfolgsfaktor 2 – Vermeiden Sie für die Moderation ungeeignete Fragen:

Geschlossene Fragen

In der Moderation geht es darum, Menschen zu beteiligen und ihre Ideen und Anliegen zu nutzen, um daraus neue Lösungsansätze zu entwickeln. Auf geschlossene Fragen jedoch kann man nur mit »Ja« oder »Nein« antworten. Es liegt auf der Hand, dass man während der Moderation zuweilen geschlossene Fragen stellt – und sei es nur die: »Gibt es hierzu noch Fragen?« Aber diese sind dann nur zur Abstimmung des Moderationsprozesses angebracht und nicht dazu, die Teilnehmer zur Auseinandersetzung mit dem Thema anzuregen.

Wieso-, Weshalb-, Warum-Fragen

Eins vorweggenommen: Hier gehen die Meinungen in der Tat auseinander. Ich persönlich nutze diese Art von Fragen in der Moderation nie, da sie nach meinem Dafürhalten Rechtfertigungen provozieren und nicht auf die Erarbeitung konstruktiver Lösungen abzielen.

Beispiel:

»Warum liegen wir mit unseren aktuellen Umsatzzahlen schon das 3. Quartal in Folge hinter den Zielvorgaben?« Merken Sie, wie sich – alleine beim Lesen der Frage – automatisch der »Rechtfertigungsmodus« einstellt?

Rhetorische Fragen

Rhetorische Fragen erwarten keine wirkliche Antwort, sondern sind vielmehr ein Stilmittel des Vortragenden, der hierdurch seine eigene Überzeugung betont.

Beispiel:

»Möchten Sie diese günstige Gelegenheit wirklich vorüberziehen lassen?«

Suggestivfrage

Mit Suggestivfragen möchte man den anderen in eine bestimmte Richtung beeinflussen. Wir kennen das alle aus Verkaufsgesprächen.

Beispiel:

»Sie möchten sich ja gewiss als Nächstes dem bedeutenden Thema Nachhaltigkeit widmen, oder?«

Erfolgsfaktor 3 – Fragen Sie offen

In der Moderation arbeiten wir mit offenen Fragen. Diese lassen ganz unterschiedliche Antworten zu und sind auch als W-Fragen bekannt. Gerne nehme ich aus diesem Repertoire alle W-Fragewörter außer den oben beschriebenen: wieso, weshalb, warum.

- Wie?
- Was?
- Wo?
- Woran?
- Wer?

- Wessen?
- Wann?
- Welche?, Welchem?, Welcher?
- Wem?, Wen?

Erfolgsfaktor 4 – Fragen Sie einfach

Fragen sollen keinen Schönheitspreis gewinnen, sondern unsere Teilnehmer wirkungsvoll unterstützen! Deshalb: Fragen Sie verständlich. Mein Leitspruch ist hier: »Fragen sind immer einfach, aber nie banal!« Ob ich gut formuliert habe, merke ich dann, wenn ich die Frage in die Runde gegeben habe. Fragen die Teilnehmer nach, war ich höchstwahrscheinlich nicht in meiner Bestform. Denn Fragen müssen so selbsterklärend sein, dass sie von den Teilnehmern sofort verstanden werden. Die Teilnehmer sollen sich ihre Köpfe über die Beantwortung der Frage zerbrechen und nicht über die Frage selbst.

Erfolgsfaktor 5 – Holen Sie die Teilnehmer dort ab, wo sie sind

Eine Frage ist nur dann gut, wenn die Teilnehmer sie auch verstehen! Deshalb ist es erfolgsentscheidend, dass ich mich bei der Formulierung der Frage auf meine Teilnehmer einlasse und die Frage aus deren Perspektive betrachte.

»Der Köder muss dem Fisch schmecken, nicht dem Angler.«

Aphorismus aus den USA

Bei aller Fokussierung auf eine inspirierende Fragestellung und einer Berücksichtigung aller Erkenntnisse aus den Moderationschecks bleibt mitunter einer auf der Strecke: der Teilnehmer! Möglicherweise kommen Ihre Teilnehmer aus unterschiedlichen Bereichen und sprechen sprichwörtlich wie real eine ganz andere (Fach-)Sprache. Also, bevor Ihre Moderationsfragen live gehen, unbedingt die Teilnehmerbrille aufsetzen!

Erfolgsfaktor 6 – Visualisieren Sie Ihre Frage

Ich kann hinter Ihre Stirn blicken. Und ich kann auch lesen, was da steht: »Moderatorengetue, das mache ich dann auch mal, wenn ich viel Zeit habe!« Sehen Sie, bei mir ist es gerade andersherum: Wenn ich mal viel Zeit hätte, dann könnte ich mir möglicherweise überlegen, auf die Visualisierung meiner Fragen zu verzichten.

Ich bin nicht so vermessen zu glauben, dass alle Teilnehmer mir genau in dem Augenblick, in dem ich meine Fragestellung in die Runde gebe, ihre volle Aufmerksamkeit schenken. Da schießt gerade der eine Gedanke durch den Kopf und zack – weg. Und dann beginnt das Nachfragen. Oder die Teilnehmer interpretieren selbst und meine ganze Arbeit, die ich in die kluge Formulierung meiner Frage investiert habe, war komplett umsonst.

Um Fragen zu visualisieren, haben Sie die unterschiedlichsten Möglichkeiten. Mindestens eine davon gibt es garantiert auch in Ihrem Meetingraum:

* Whiteboard,
* traditionelles Flipchart,
* selbsthaftende Flipchartfolie,
* Pinnwand,
* Papier – ausgedruckt oder mit Flipchartstift beschriftet,
* Laptop und Beamer.

4.2 Weg vom Problem – hin zur Lösung

Das agile Moderieren, wie es in diesem Buch beschrieben wird, fußt auf den Erkenntnissen der systemischen Moderation. Deutlich wird dies nicht zuletzt durch die Art und Weise der Fragen. Der systemische Ansatz verzichtet bewusst auf die Problemfokussierung und arbeitet stattdessen mit ziel-, lösungs- und ressourcenorientierten Fragen.

Was diese Fragen alle gemeinsam haben, ist, dass sie den Teilnehmern die Möglichkeit geben, die zu lösende Herausforderung aus einer anderen Perspektive zu betrachten!

»Wenn du immer das tust, was du bisher getan hast, wirst du auch immer nur das bekommen, was du bisher bekommen hast.«

Henry Ford (1863 – 1947), Gründer der Ford Motor Company.

Beziehen wir das Zitat von Henry Ford auf die Art zu fragen, dann lautet das Zitat: Wenn du immer so fragst, wie du bisher gefragt hast, wirst du auch immer nur die Antworten erhalten, die du immer erhalten hast.

Aber wir wollen eben nicht permanent dieselben Antworten! Es sind doch vielmehr die innovativen Ansätze, die außergewöhnlichen Ideen und die neuen Lösungen, die uns als Ergebnis vorschweben. Doch wer exzellente Antworten erwartet, sollte auch mit exzellenten Fragen den Boden hierfür bereiten!

Auf den folgenden Seiten lernen Sie gleich eine Fülle von Möglichkeiten kennen, Ihre Teilnehmerinnen und Teilnehmer auf zielführende und sympathisch andere Art und Weise zu neuen Lösungen zu inspirieren.

4.3 Der Blick des Zuschauers

In Meetings passiert es nicht selten, dass sich die Gespräche im Kreis zu drehen scheinen. Die Teilnehmer sind völlig in ihrer ganz eigenen Sicht auf das Thema verhaftet. Wenn aber alle nur mit ihrem jeweiligen Tunnelblick unterwegs sind, ist es nahezu unmöglich, eine gemeinsame Sicht auf die zu lösende Aufgabe zu bekommen. Alles scheint verworren. Und selbst wenn das Thema gar nicht per se konfliktbehaftet ist, können in solchen Situationen schon mal die Emotionen hochkochen. Denn der Zeit- und Erfolgsdruck ist doch meist allgegenwärtig.

Der obligatorische Appell an die Sachlichkeit geht meist nach hinten los. Eine gute Möglichkeit, hier wieder etwas Ruhe hineinzubringen, ist der Wechsel von der Innensicht zur Außensicht. Betrachten Sie die verworrene Situation mit etwas Abstand, dann werden Sie auf einmal viel klarer sehen und Dinge erkennen, die Ihnen zuvor verborgen geblieben sind.

Vergleichbar ist das mit einem großen Gemälde. Stellen Sie sich vor, Sie stehen im Museum so dicht vor dem Kunstwerk, dass Ihre Nasenspitze nur noch wenige Zentimeter von der Leinwand entfernt ist. Sie werden die Linien und Farbschattierungen ganz genau erkennen können. Und vielleicht sind Ihnen die Farben, die Sie so dicht vor Augen haben, zu intensiv oder aber zu duster. Und was sollen diese Linien eigentlich darstellen? Gut möglich, dass Ihnen das, was Sie sehen, nicht gefällt. Aber deshalb können Sie noch lange nicht beurteilen, ob Ihnen das Gemälde gefällt. Das können Sie erst, wenn Sie einige Schritte Abstand zwischen sich und das Kunstwerk bringen. Erst mit dem Blick aus der Distanz erkennen Sie Zusammenhänge. Ihnen wird auf einmal klar, was es mit den Linien auf sich hat und warum an dieser einen Stelle die Farben so sind, wie sie eben sind.

Das Beispiel des Museumsbesuchers können Sie wunderbar auf die eingangs geschilderte Moderationssituation übertragen. Wenn es Ihnen gelingt, gedanklich ein paar Meter Abstand zwischen Ihre Teilnehmer und das zu lösende Thema zu bringen, dann entstehen nicht nur neue Erkenntnisse, sondern es tun sich auf einmal auch ungeahnte Möglichkeiten und Handlungsoptionen auf.

Öffnen Sie Ihren Teilnehmern die Perspektive des unbeteiligten Besuchers!

Der Fokus dieser Besuchersicht kann sich auf zwei Dinge beziehen:
• das Thema
• den Umgang untereinander

»Angenommen, es käme genau in diesem Moment ein Fremder zur Türe herein. Wie würde sich ihm die Situation darstellen? Und welche Lösungsansätze hätte er?«

»Angenommen, man könnte diese Bürodecke hier abnehmen wie in einem Spielzeughaus. Wie würden die Beobachter, die von oben in unseren Meetingraum schauen, unseren Umgang untereinander beschreiben?«

4.4 Der Blick des Vorreiters

Vor lauter Klein-Klein und unzähligen Dingen, die noch besprochen und bearbeitet werden müssen, verliert man sich schnell im Detail. Ähnlich wie beim Museumsbeispiel wird auch hier der wichtige Blick fürs große Ganze verstellt.

Die Gruppe kommt – umgangssprachlich ausgedrückt – nicht so richtig aus dem Quark! Dies kann beispielsweise darin begründet liegen, dass bei anstehenden Themen die Unterscheidung zwischen wichtig und dringend nicht konsequent getroffen wird. Werden hier aber keine Unterschiede gemacht und Prioritäten gesetzt, so stehen die vielen, vermeintlich dringenden Aufgaben den wichtigen und wegweisenden Entscheidungen im Wege. In der Folge werden große anspruchsvolle Ziele gar nicht erst in Angriff genommen.

Wie gut wäre es, wenn man jetzt einen innovativen Vorreiter um Rat fragen könnte!

Dann tun Sie es doch! Lassen Sie Ihre Teilnehmer die Perspektive wechseln und die Sicht des Vorreiters einnehmen.

Der Einstieg zu der Frage könnte folgendermaßen lauten: »Sie al
Unternehmen oder Persönlichkeiten, die in ihrer jeweiligen Bran
Vorreiterrolle einnehmen, die Trends nicht hinterherlaufen, sonde
selbst prägen. Stellen Sie sich vor, so ein Vorreiter würde Ihnen h
jetzt zur Seite stehen ...«

Beispielfragen mit dem Blick des Vorreiters:

»... Welche Vorgehensweise würde dieser Vorreiter an Ihrer Stelle wählen?«

»... Welche strategischen Entscheidungen würde er treffen?«

»... Was wäre ihm in der Situation, in der Sie sich gerade befinden, besonders wichtig?«

Bitte beachten Sie, dass es hier um die generelle Vorreiterperspektive geht und nicht die des Fachexperten.

4.5 Der Blick der Partner

Sie haben den Zuschauer- und den Vorreiter-Blick kennengelernt. Die beiden Perspektiven befinden sich außerhalb unseres direkten Umfelds. Besonders spannend sind aber auch all die Perspektiven, die zwar nicht unsere eigenen sind, aber dennoch aus unserem eigenen System kommen. Hierzu zählen beispielsweise:

- Vorgesetzte
- Nachbar-Abteilungen
- Kunden
- Lieferanten
- Betriebsrat
- Aufsichtsrat

... also all diejenigen, die auf unser Tun einwirken beziehungsweise von unserem Handeln direkt oder indirekt tangiert sind. Die Perspektiven der Partner können auf zwei Weisen genutzt werden.

- Zur Entwicklung neuer Ideen und Lösungen
- Als wichtiger Check, bevor wir mit neuen Lösungen live gehen

Her mit den Innovationen!

Kennen Sie das? Alle wollen neue Lösungen. Innovativ sollen sie sein. Und umsetzbar. Jetzt heißt es, das Oberstübchen anzustrengen. Und das machen sie ja auch, die Teilnehmer unserer Meetings und Workshops. Und was passiert, wenn wir nachdenken, ganz automatisch? Wir bemühen unsere »Gedankenbahnen« und schreiten sie ab. Wir gehen den Weg, den wir immer gehen. Der orientiert sich an dem, was wir schon kennen, also an der Vergangenheit. Gedanklich wird in rasanter Geschwindigkeit abgeglichen: »Wie haben wir es denn beim letzten Mal gemacht, wie beim vorletzten« und so weiter. Und das ist auch genau so lange die richtige Vorgehensweise, solange uns die Vergangenheit weiter bringt. Wenn wir uns an etwas erinnern, das im letzten Jahr gut gelaufen ist und was wir in diesem Jahr wieder genauso machen wollen, dann haben wir mit dieser Vorgehensweise definitiv die richtige Strategie gewählt. Suchen wir allerdings nach neuen und innovativen Lösungen, die so noch nie da gewesen sind, verhält es sich jedoch etwas anders.

Nun bin ich ja eine leidenschaftliche Wanderin. Und neben wunderbaren neuen Wanderzielen, die wir uns bei unseren Mehrtagestouren gerne erlaufen, haben wir natürlich unsere bewährten Anlaufstellen »ums Haus herum«. Da finden wir uns komplett ohne Karte und Wandernavi zurecht und landen sicher an den bekannten Zielen. Wir verlassen uns also auf das Bewährte. Es würde schon etwas grotesk anmuten, wenn wir uns beim Wandern auf unsere bekannten Wege verlassen würden, aber diesmal nicht bei der von uns geschätzten Weinstube, sondern vielmehr ganz wo anders herauskommen wollten. Sie merken schon, das ist natürlich völliger Quatsch.

Wenn es beim Wandern so glasklar ist, warum tappen wir dann auf der Suche nach neuen Lösungen so gerne immer wieder aufs Neue in genau diese Falle?

Hierfür habe ich nur eine Antwort: Weil wir der Frage, die unser Denken in Schwung bringen soll, nicht die Beachtung schenken, die hierfür nötig ist! Der Weg zum Andersdenken führt immer über die entsprechende Fragestellung. Wer schwungvolle Ergebnisse ernten möchte, braucht hierzu auch eine kraftvolle Vorlage. Und es ist dabei ganz egal, ob ich mir die Gedanken alleine im stillen Kämmerlein mache oder aber im Meeting oder Workshop meine Gesprächspartner und Teilnehmer zum Neudenken inspirieren möchte.

In neuen Bahnen denken kann man immer dann, wenn man die eigene Ausgangsposition verlässt und aus einer ganz anderen Perspektive auf die zu bearbeitende Aufgabe schaut. Die Perspektive der beteiligten Partner bietet uns hierfür eine Fülle von Möglichkeiten, die eigene Brille abzusetzen und sich auf neue Sicht- und Denkweisen einzulassen.

Beispielfragen mit dem Blick der Partner zur Gewinnung neuer Ideen könnten sein:

»Wenn unsere Auszubildenden den Abend unserer Betriebsfeier gestalten würden – welche Programmpunkte würden sie uns vorschlagen?«

»Wenn wir unsere weiblichen Kunden befragen würden, welche neuen Funktionalitäten würden sie sich für unser Produkt XY wünschen?«

»Wenn unsere kleinen Kunden ihre Weltspartags-Geschenke selbst zusammenstellen dürften – welches wären dann die absoluten Renner?«

»Angenommen, unser Chef würde dieses schwierige Lieferantengespräch selbst führen, nach welcher Strategie würde er vorgehen?«

»Wenn ich unseren Lieferanten XY befragen würde – welches Verbesserungspotenzial bei unserer Zusammenarbeit würde er sehen?«

Der Perspektivenwechsel innerhalb des Systems bietet eine gute Möglichkeit, eingefahrene Bahnen zu verlassen und durch die gewonnene Sichterweiterung zu neuen Lösungsansätzen zu gelangen.

Probieren Sie es einmal aus! Sie werden erstaunt sein, welche neuen Optionen sich auch in vermeintlich eingefahrenen Situationen auf einmal auftun.

Durch die Brille anderer Beteiligter zu sehen heißt, eingefahrene Denkbahnen zu verlassen und zu neuen Optionen zu gelangen.

Der Blick durch die Brille anderer Beteiligter lohnt sich aber auch dann, wenn die Ideenfindung bereits abgeschlossen ist. Hier spreche ich von einem Live-Check, bei dem es darum geht, die entwickelten Ideen und Lösungsansätze noch einmal auf Herz und Nieren zu prüfen.

Deutlich wird das an folgendem Beispiel:
Als Prozessbegleiterin habe ich im Rahmen eines öffentlichen Programms zur Förderung frühkindlicher Bildung in einer Gemeinde unter anderem auch mit einer Gruppe zusammengearbeitet, die sich speziell um die Planung und Umsetzung eines Mehrgenerationen-Platzes gekümmert hat. In einem Workshop ging es nun darum, das Konzept final auszuarbeiten, sodass es dann dem Gemeinderat zur Genehmigung vorgestellt werden konnte. Es wurde sehr gut und konstruktiv gearbeitet und die Teilnehmer waren mit dem Ergebnis sehr zufrieden. Dennoch habe ich sie so noch nicht aus dem Workshop entlassen. In einem nächsten Schritt habe ich sie vielmehr an folgender Frage arbeiten lassen: »Stellen Sie sich vor, Sie wären Mitglied des Gemeinderates und bekämen dieses Konzept vorgestellt: Welche Vorbehalte hätten Sie und welche Zusatzinformationen bräuchten Sie noch, um über die Mittelfreigabe entscheiden zu können?«

Die Gruppe hat sich noch einmal ans Arbeiten gemacht. Und was soll ich sagen – es kamen tatsächlich noch einige offene Punkte heraus! Und das liegt auch auf der Hand. Die Gruppe hatte sich schließlich im Vorfeld sehr ausführlich informiert und dann intensiv am Thema gearbeitet. Für die Mitglieder des Gemeinderates hingegen war das Thema Neuland. Das ist eine völlig andere Basis. Durch den Perspektivenwechsel hatten die Akteure die Chance, ihre Präsentation noch vor dem »Live-Gang« nachzubessern. Diese Extra-Schleife während des Workshops hatte zur Folge, dass die Präsentation im Gemeinderat richtig gut angekommen ist. Und das nicht, weil es eine tolle Show war, sondern vielmehr, weil die Präsentierende die Zielgruppe gut abgeholt hat und mögliche Fragen und Vorbehalte direkt antizipieren und beantworten konnte. Die Mittelfreigabe wurde übrigens direkt beschlossen.

Ein Workshop sollte nie aus reinem Selbstzweck durchgeführt werden. Damit die erarbeiteten Ergebnisse auch gut und sinnvoll in die Umsetzungsphase gehen können, tut man also gut daran, mögliche Schwachstellen gleich im Vorfeld zu identifizieren. Denn das kann einem unter Umständen jede Menge zusätzlicher Arbeit und Korrekturschleifen im Nachgang ersparen. Machen Sie es also wie die Akteure meiner Initiative und nehmen Sie noch während des Workshops oder Meetings die Perspektiven der anderen Beteiligten ein.

Live-Check heißt, die Ergebnisse mit der Brille anderer Beteiligter zu betrachten und Nachbesserungsbedarf im Vorfeld zu identifizieren!

4.6 Wir tun einfach so als ob

Die Fragen, mit denen ich in der Moderation arbeite, sind sehr kraftvoll. Das ist kein Wunder, orientiere ich mich doch bei der Formulierung an den systemischen Fragen, die aus dem systemischen Coaching stammen. Und deswegen macht es natürlich Sinn, diese Fragen nicht nur in der Moderation, sondern auch im bilateralen Gespräch und im Selbstcoaching wunderbar zu nutzen. Die Wir-tun-einfach-so-als-ob-Frage – eine meiner Lieblingsfrageformen der Moderation – hat mir ganz persönlich eine wertvolle Erkenntnis gebracht:

Mein Ausbildungsinstitut ging im März 2012 an den Start. Seit dieser Zeit findet zweimal jährlich die Ausbildung zur systemischen Moderatorin/zum systemischen Moderator statt. Recht schnell fragten mich meine Teilnehmer, ob ich denn auch ein Buch zum Thema veröffentlicht hätte. Ich musste verneinen. Dabei war der Wunsch meinerseits durchaus vorhanden. Doch das Thema Buch war gemeinsam mit vielfältigen Marketingideen, interessanten Konzepten für Aufbauseminare und unzähligen kreativen Gedanken zu einem großen, wirren Knäuel verwoben. Und so bunt und spannend dieses Knäuel auch war – es hatte für mich immer auch etwas Unerreichbares.

Was also habe ich gemacht? Schließlich halten Sie ja gerade mein Buch in Ihren Händen. Das Knäuel muss sich also irgendwie entwirrt haben. Und das hat es auch. Ausgelöst durch eine einzige Frage: »Angenommen, ich würde mich drei Jahre in die Zukunft beamen und hätte mein Ziel bereits erreicht, das agile Moderieren bei der Zielgruppe bekannt zu machen und zu etablieren – welches wären die entscheidenden Stellhebel gewesen, die ich im Jahr 2015 bewegt hätte?« Ich konnte hier durchaus mehrere Stellhebel identifizieren. Aber das Buch war unter allen der bedeutendste. Und der Dringendste. Aus meiner Ich-sollte-irgendwann-mal-Haltung ist eine Ich-kenne-und-gehe-jetzt-den-nächsten-konkreten-Schritt-Haltung geworden. Und wenn Sie jetzt denken: »Na, das hätte ich Ihnen auch gleich sagen können!« sind Sie der lebende Beweis dafür, dass eine Außenperspektive eine erhellende Wirkung haben kann.

Nein, im Ernst. Vieles klingt – insbesondere für Außenstehende – so klar und einfach. Aber für die, die direkt betroffen sind, vermischen sich die vermeintlich klaren Fakten mit persönlichen Vorbehalten und Befürchtungen zu einem unübersichtlichen und häufig auch scheinbar unüberwindbaren Ganzen. Wenn uns der direkte Weg verstellt ist, heißt das aber noch lange nicht, dass wir das Ziel nicht erreichen können. Wir müssen uns einfach einen anderen Weg suchen! Das gilt auch für unsere Gedanken.

Sehen wir aus unserer aktuellen Perspektive vor lauter Hindernissen das Ziel nicht mehr, dann müssen wir einfach die Perspektive wechseln.

In den vergangen Kapiteln haben Sie unterschiedliche Varianten des Perspektivenwechsels kennengelernt. Eine weitere Möglichkeit, die Perspektive zu wechseln, ist der Schritt raus aus der Gegenwart – rein in die Zukunft. Lassen Sie gedanklich schon einmal die Sektkorken knallen und tun Sie einfach so, als wäre das Ziel bereits erreicht. Von dieser Sonnenseite aus betrachtet ist der zu überwindende Berg nämlich lang nicht mehr so hoch. Prioritäten werden deutlicher und das einst verheddarte Knäuel wird luftiger.

Möglicherweise kennen Sie das ja auch aus der einen oder anderen Moderationssituation. Die Teilnehmer sehen genau diesen großen, schier unüberwindbaren Berg vor sich. Ein riesiges Monstrum, das jeden Lichtstrahl am Horizont verdeckt. Unzählige Details bestimmen die Diskussion und rasch schwindet die Hoffnung, das große Ganze doch noch gemeinsam zu erreichen.

Die gedankliche Reise in die Zukunft impliziert, dass es möglich ist, das Ziel zu erreichen.

Der Sprung in die positive Zukunft nimmt zunächst einmal den lähmenden Druck von der Brust. Und es passiert noch etwas ganz Entscheidendes: Die Fragestellung aus der Zielperspektive beamt uns in die Zukunft und lädt uns dazu ein, uns die gewünschte Zukunft auszumalen und vorzustellen.

»If you can dream it, you can do it!«
Walt Disney (1901 – 1966), US-amerikanischer Filmproduzent

Schon Walt Disney wusste, dass man Dinge, die man sich vorstellen kann, auch erreichen kann. Lenkt man den Fokus auf die Zielerreichung, dann kreisen auch die Gedanken nicht ausschließlich um den vermeintlich schweren Weg, sondern vielmehr um den erstrebenswerten Zielzustand.

Anhand meines persönlichen Beispiels war deutlich zu erkennen:
Der Sprung in die Zukunft unterstützt uns dabei, klarer zu sehen, Erfolgsfaktoren und Stellhebel zu identifizieren und Prioritäten zu setzen. Und das Wichtigste: Er motiviert uns!

Möglicherweise fragen Sie sich jetzt: »Wäre es denn nicht auch möglich, anstelle der Wir-tun-einfach-so-als-ob-Frage eine Frage zu verwenden, bei der der Blick des Experten genutzt wird?« Selbstverständlich! Auch dieser externe Blickwinkel hätte mich bei der Entwirrung meines Gedanken-Knäuels mit Sicherheit weiter gebracht. Es gibt nie immer nur eine Möglichkeit. Das genau ist ja das Schöne. Und ehrlich gesagt auch das Beruhigende. Denn gerade in agilen Situationen ist es besonders wertvoll, aus einem breiten Repertoire an kraftvollen und zielführenden Fragen schöpfen zu können.

Doch lassen Sie uns jetzt noch einmal zur Wir-tun-einfach-so-als-ob-Frage zurückkehren. Denn diese birgt neben der eben skizzierten Möglichkeit noch eine weitere interessante Chance in sich: Mit dieser Fragetechnik wird es möglich, die Wenn-dann-Abhängigkeit auszuhebeln.

Kommen Ihnen Sätze in dieser Art bekannt vor? »Wenn wir erst einmal unseren modernen Besprechungsraum haben, dann werden sich auch unsere Kunden wohler fühlen, wir können sie dann viel besser beraten ...«

Das eigene Verhalten wird an ein meist von außen gesteuertes Ereignis geknüpft. Das passiert leider sehr häufig, ist aber in zweifacher Hinsicht fatal:

- Die typische Wenn-dann-Abhängigkeit verhindert, dass das Ziel mit dem Eintreffen des so wichtigen Ereignisses tatsächlich erreicht wird (denn das Eintreffen des Ereignisses wird ja als grundlegende Voraussetzung gesehen – bis zu diesem Zeitpunkt liegt also auch das hierfür nötige eigene Zutun auf Eis).
- Sie verbaut uns darüber hinaus die Chance, unterstützende Verhaltensweisen schon viel früher zu nutzen.

Eine typische Wenn-dann-Abhängigkeit ist der Umgang mit dem Ruhestand. »Wenn ich erst mal in Rente bin ...« Freilich gibt es viele aktive Ruheständler, die sich nach dem Ausscheiden aus dem Berufsleben ihre Träume tatsächlich erfüllen. Die einen fangen noch einmal an zu studieren, die anderen reisen um den Globus und die Dritten widmen sich mit großer Leidenschaft ihrem Hobby. Aber es gibt eben auch die unzähligen anderen. Und genau für diese ist mit dem Eintreten in den Ruhestand das vermeintliche Ziel des Reisens und Genießens noch lange nicht erreicht. Und das, obwohl sie immer davon gesprochen haben. Aber wenn man es gar nicht gewohnt ist, kreuz und quer durch die Welt zu reisen, dann muss man es regelrecht lernen und üben. Und manchmal muss man sich dann auch ehrlich fragen, ob man es überhaupt will. Das gewünschte Ziel ist also noch keinesfalls erreicht. Nur eine der hierfür nötigen Voraussetzungen. Ob und wann der gewünschte Zustand eintritt, wird sich erst zeigen, wenn man selbst mit der Umsetzung begonnen hat.

Anders läuft es bei all denen, die sich schon im Vorfeld mit den später geforderten Verhaltensweisen auseinandergesetzt haben. Und wenn Sie sich mit besonders aktiven Ruheständlern unterhalten, so werden Sie auch von den meisten hören, dass ihre Aktivität nicht erst mit dem Eintritt in den Ruhestand begonnen hat.

Beispiele im Daily Business gibt es für gelebte Wenn-Dann-Abhängigkeiten zuhauf. Egal, ob es um die Verbesserung des Services gegenüber dem Kunden oder der Kommunikation im Team geht. So wird der Kunde den modernen Besprechungsraum nur dann als Bereicherung empfinden, wenn es die Mitarbeiter durch ihr persönliches Auftreten schaffen, den Nutzen für ihn auch erlebbar zu machen. Und genau daran kann und muss man bereits vor der Fertigstellung arbeiten!

Fragen, die uns in die Zukunft versetzen, beginnen mit »Angenommen, ...«

Sie haben bei der Formulierung der Frage die Möglichkeit, in einer oder in zwei Stufen vorzugehen.

Einstufige Fragen

Einstufige Fragen implizieren, dass das Ziel bereits erreicht wurde und fragen direkt, was man hierfür in der Gegenwart getan und welche Weichen man gestellt hat.

Beispiele für einstufige Fragen:

»Angenommen, Sie hätten die Bekanntheit Ihres Produktes in der Zielgruppe bereits um fünfzig Prozent gesteigert – welche Kommunikationskanäle wären hierfür besonders wichtig gewesen?«

»Angenommen, wir hätten es geschafft, dass sich die meisten unserer Wunschkandidaten auch tatsächlich für unser Unternehmen entschieden hätten – worauf hätten wir dann im Bewerbungsgespräch besonders geachtet?«

»Angenommen, die Teilnehmer Ihrer wöchentlichen Meetingrunde würden am Ende des Treffens mit zufriedenen und fröhlichen Gesichtern den Raum verlassen – worauf hätten Sie während des Meetings besonderen Wert gelegt?«

Es gibt aber auch Themen, bei denen es Sinn macht, Ziel und Gegenwartsbezug nicht in eine Frage zu packen, sondern noch eine Extraschleife zu drehen. Sie arbeiten in diesem Fall also in zwei Stufen.

Zweistufige Fragen

Zweistufige Fragen implizieren ebenfalls, dass das Ziel bereits
de. Sie richten ihren Fokus allerdings in einem ersten Sch
ausschließlich und ganz bewusst auf die Zielerreichung:

- Wie verhält man sich, wenn das Ziel erreicht ist?
- Wie fühlt sich das an?
- Was wird dadurch möglich?

Erst im zweiten Schritt bringen wir hier die Gegenwart ins Spiel. Durch
diese Verbindung kann wunderbar herausgearbeitet werden,

- welche der genannten Antworten auch jetzt schon realisierbar sind.
- welche Weichen bereits heute schon gestellt werden müssen, damit das
  Ziel zum entsprechenden Zeitpunkt dann überhaupt realisierbar wird.

Beispiele für zweistufige Fragen:

Schritt 1: »Angenommen, der Umbau wäre bereits fertiggestellt und wir hätten
unsere neuen Büros bezogen: Wie würden wir den regelmäßigen Austausch zu
laufenden Projekten gestalten?«
Schritt 2: »Was davon können wir denn heute – zumindest in Teilen – schon
umsetzen?«

Schritt 1: »Angenommen, wir hätten die Frauenquote erfolgreich umgesetzt: Wie
würden wir im Führungskreis zusammenarbeiten und miteinander kommunizieren?«
Schritt 2: »Welche Stellhebel können wir heute bewegen, damit wir unsere Zusammenarbeit schon heute danach ausrichten?«

Schritt 1: »Angenommen, wir hätten unser Expansionsziel bereits erreicht und
die fünf geplanten Niederlassungen schon eröffnet: Wie würden wir unsere Mar-
ketingschwerpunkte ausrichten?«
Schritt 2: »Was davon sollten wir schon heute berücksichtigen, damit der Ex-
pansionsschritt dann auch gelingen kann?«

.7 Schlimmer geht immer – Fragen, die alles auf den Kopf stellen

Das ist doch nicht zu fassen – da scheinen die Dinge so klar und einfach und dennoch kommt man nicht wirklich vom Fleck. Kennen Sie das auch? Dann sind Sie in bester Gesellschaft.

Den Kunden einen perfekten Service zu bieten – das kann doch wohl nicht so schwer sein! Das denken viele. Und am Ende des Tages sind die Kunden dann doch nicht zufrieden. So geschehen bei einem Kunden aus der Finanzbranche: Die Kundenbefragung war überhaupt nicht nach den Vorstellungen des Vorstands ausgefallen und jetzt galt es, rasch nachzubessern. Nur woran? Service kann doch jeder. Freundlichkeit. Persönliche Ansprache. Alles geschenkt. So kommen wir nicht weiter.

Deswegen habe ich so erst gar nicht angefangen! Denn Sie wissen ja – wer neue Antworten erwartet, bekommt diese nicht, wenn er die ewig selben Fragen stellt. Also ab in die Tonne mit der von meinen Teilnehmern erwarteten Frage: »Wie können wir unseren Service verbessern?«

Erinnern Sie sich an das Zitat von Francis Picabia, welches uns ermuntern soll, unsere Gedanken einfach mal in eine andere Richtung zu leiten? Und getreu diesem Motto habe ich die Gedanken meiner Teilnehmer dann auch direkt auf den Kopf gestellt und sie mit folgender Frage ins Tun kommen lassen:

»Was können wir tun, um unsere Kunden komplett zu vergraulen?«

Ja, meine Teilnehmer waren zugegebenermaßen etwas überrascht. Und dann haben sie losgelegt. Was glauben Sie, wie da die Ideen gesprudelt sind! Und was für Horror-Szenarien da gemalt wurden! Aber schließlich war genau das ja auch die Aufgabe. Und die wurde erfüllt, aber hallo! Und bei all den abwegigen Dingen, die man seinen Kunden so antun könnte, sind durchaus einige Punkte herausgekommen, die die Teilnehmer tatsächlich zum Nachdenken gebracht haben. Es waren dies Sätze wie: »Kunden ignorieren, wenn sie in die Filiale kommen.« Ich bitte Sie, wer ignoriert denn seine Kunden? Na ja – meine Teilnehmer wurden zumindest ein wenig still. Und dann haben sie sich eingestanden, dass sie ihre Kunden natürlich freundlich begrüßen, wenn sie direkt zu ihnen kommen. Aber wenn sie sich im – vom Schalter einsehbaren – Selbstbedienungsbereich aufhalten oder den Mitarbeitern nach Feierabend auf der Straße begegnen, dann wird doch gerne zur Seite geschaut (getreu dem Motto: »Hoffentlich sieht der mich jetzt nicht!«).

Und genau das habe ich beim Einkaufen kürzlich erlebt: Eine Kassiererin, die immer freundlich war und mich (nachdem ich mit EC-Karte bezahlt habe) obligatorisch mit Namen verabschiedet hat, ist mir auf dem Kundenparkplatz – also außerhalb ihres direkten Arbeitsplatzes – entgegengekommen. Wie ich sie nun ansehe und gerade einen freundlichen Gruß entbieten möchte – da schaut sie einfach weg! Ich war kurz wie vor den Kopf gestoßen. Und – ja ich habe mich geärgert! Und ganz automatisch habe ich das sonst erlebte Verhalten aus der positiv belegten Schublade »authentisch freundlich« in die negativ belegte Schublade »einstudierte Rolle« umsortiert. Und ich wette, die Kassiererin ist sich dessen in keinster Weise bewusst. Aber dennoch hätte ich wohl keine Bestnote in der Kategorie »Freundlichkeit« verteilt, wenn ich nach der Parkplatzbegegnung an einer Kundenbefragung teilgenommen hätte.

Nun möchte ich mich nicht zu sehr auf die Service-Thematik fokussieren. Aber ich musste Ihnen dieses Beispiel einfach erzählen. Denn es passt so wunderbar zu diesem einen Punkt, den meine Bank-Teilnehmer viele Jahre zuvor mithilfe einer Kopfstandfrage unter anderem herausgearbeitet haben. Und es macht eines deutlich: Wir sind uns der Auswirkungen, die unser Verhalten auf andere hat, häufig nicht bewusst. Und wenn wir kein Bewusstsein für etwas haben, werden wir diesen möglichen Stellhebel niemals mithilfe einer normalen Frage identifizieren.

Die Kopfstand-Frage lädt – genau wie die vielen Fragen, die Sie bereits kennengelernt haben – dazu ein, die zu lösende Thematik aus einer anderen Perspektive zu betrachten. Statt von oben nach unten schauen wir einfach von unten nach oben. Die Ergebnisse sind verblüffend!

Wenn Sie es einmal selbst ausprobieren möchten, dann nehmen Sie sich jetzt einen Zettel und beantworten Sie ganz spontan die folgende Frage: »Was können Sie ganz konkret tun, um Ihrer Partnerin/Ihrem Partner das Wochenende gründlich zu verderben?« Auf die Plätze, fertig, los! Schreiben Sie einfach alles auf, was Ihnen dazu in den Sinn kommt.

Haben Sie Ihre Antworten notiert? Dann liegt jetzt ein voll beschriebenes Blatt Papier vor Ihnen, auf dem viele Dinge zu lesen sind, die Sie so im Leben garantiert nie machen würden. Und das ist auch gut so! Ich denke aber auch, dass Sie bei ehrlicher Betrachtung an der einen oder anderen Stelle kurz zusammengezuckt sind, stimmt's? Ups, was ist denn da passiert? Wenn vielleicht auch nicht in der dargestellten Intensität – so sind dennoch bei diesen Auflistungen immer einige Verhaltensweisen dabei, die Ihnen gar nicht so unbekannt vorkommen. Und genau hier können Sie ansetzen! Genau diese »Zusammenzuck-Momente« sind die Stellhebel, die Sie gesucht haben, um in der zu lösenden Thematik einen entscheidenden Schritt weiterzukommen.

In folgenden Fällen sind Kopfstand-Fragen besonders geeignet:
• In festgefahrenen Situationen
• Wenn den Teilnehmern ihre Verhaltensweisen nicht bewusst sind
• Wenn die Teilnehmer sich der Auswirkungen ihrer Verhaltensweisen nicht bewusst sind
• Zur Festlegung von Regeln

Kopfstand-Fragen sollten mit Bedacht und keinesfalls inflationär eingesetzt werden. Sonst ist das sprichwörtliche Pulver dieser wirkungsvollen Frage im Nu verschossen.

Ob sich die Teilnehmer auf diese Art der Fragestellung einlassen, steht und fällt mit der überzeugten Haltung des Moderators, die sich nicht zuletzt auch in der Anmoderation widerspiegelt. Dabei gebe ich übrigens keine Erklärung der Wirkungsweise der Methode ab, und rechtfertige auch nicht die Sinnhaftigkeit! Ich nehme meine Teilnehmer vielmehr mit einem Augenzwinkern auf überzeugende und zugleich locker, legere Art und Weise mit auf die Reise und lade sie dazu ein, das Pferd einmal von hinten aufzuzäumen.

Sie dürfen mir glauben – es funktioniert! Ich habe vor einiger Zeit bei einem Workshop mit dem Top Management genau diese Methode angewandt. Und was soll ich Ihnen sagen – es entstanden am Ende des Tages nicht nur sehr interessante und gute Ergebnisse, nein, ich werde nach Jahren immer noch darauf angesprochen! Die Methode hat augenscheinlich einen bleibenden Eindruck hinterlassen.

Im ersten Moment wirkt eine Kopfstand-Frage möglicherweise etwas verwirrend. Aber das Schöne ist, die Teilnehmer lassen sich schnell darauf ein und haben dabei noch jede Menge Spaß. Denn die negative Übertreibung wird hier zum Programm und die Teilnehmer inspirieren sich gegenseitig, noch groteskere Ideen zu produzieren!

Beispiele für Kopfstand-Fragen:

»Was können Sie tun, damit Ihre Meetings garantiert nie pünktlich enden?«

»Mit welchen konkreten Maßnahmen gelingt es Ihnen, die Stimmung im Team zu vergiften?«

»Was können Sie dazu beitragen, dass Ihr Mitbewerber mit seinem Produkt definitiv schneller am Markt ist als Sie mit Ihrem?«

»Was können wir tun, damit die nächste Betriebsfeier ein einziges Fiasko wird?«

»Was können Sie als Moderator tun, damit den Teilnehmern die Lust auf Workshops grundlegend verdorben wird?«

Am Ende einer Workshop-Runde haben Sie normalerweise wahnsinnig viele Antworten. Und je nach Fragestellung ist hiervon meist ein größerer Teil in der Realität nicht relevant. Die anderen aber gilt es, zu identifizieren und entsprechend umzuformulieren und weiterzubearbeiten. Möchten Sie beispielsweise die Meeting-Kultur in Ihrem Team verbessern, so lassen sich die umformulierten Punkte wunderbar als Meeting-Regeln festhalten.

Auch hier gilt: Sie können mit Kopfstand-Fragen nicht nur in Ihren Meetings und Workshops wertvolle Erkenntnisse erarbeiten lassen, sondern diese auch für das Selbstcoaching nutzen. Probieren Sie es einfach einmal aus!

4.8 Der Blick auf das Verhalten

»Es ist egal, wo eine Moderation stattfindet, mit wem sie stattfindet und wie das Thema lautet. Am Ende des Tages steht auf einem der vielen Kärtchen an der Wand garantiert der Begriff Wertschätzung!« Ich sage das nicht nur immer wieder zu meinen Teilnehmern, ich bin auch tatsächlich davon überzeugt!

Das soll nicht despektierlich klingen! Ich bin mir durchaus bewusst, dass es an der gegenseitigen Wertschätzung vielerorts krankt und die Teilnehmer ihre guten Gründe hatten, diese Kärtchen zu schreiben und anzupinnen. Doch gerade weil das Thema so wichtig ist, sollte man sich auch konkret und intensiv damit beschäftigen. Und das kann nur dann geschehen, wenn man das Kärtchen Wertschätzung als Anfang und nicht als Schluss der Moderationsaufgabe sieht. Wertschätzung ist hier übrigens nur ein Beispiel. In die gleiche Kategorie gehören auch Begrifflichkeiten wie Vertrauen, Transparenz, Integrität und viele andere.

Jede dieser Begrifflichkeiten ist ein Schlagwort, unter dem man alles und nichts verstehen kann. Es ist so allgemein gehalten, dass zwar jeder dazu nickt – und dennoch ein völlig anderes Bild vor Augen hat. Nun hängt es also an der Wand, unser Kärtchen. Doch was konkret bringt uns diese Aussage? Na ja, das kommt auf den Moderator an. Lässt er das Kärtchen als Ergebnis durchgehen, dann ist es das Papier nicht wert, auf dem es geschrieben steht! Die einzige Möglichkeit, etwas Sinnvolles aus diesen gerne geschriebenen Schlagwortkärtchen zu machen, ist, sie zu hinterfragen. Denn beim Hinterfragen begeben wir uns immer auf die Verhaltensebene. Und jetzt wird es konkret und wertvoll. Die großen Schlagworte sind doch viel zu interpretierbar und allgemeingültig, als dass sie uns konkret weiterbringen. Warum sie dennoch immer wieder auftauchen, liegt auf der Hand:

Zunächst lassen klassische Moderationskärtchen aufgrund ihrer Größe nicht viel Text zu – da sind Schlagworte Programm. Es gibt aber noch einen zweiten entscheidenden Grund: Sie kennen alle die typischen Workshop-Situationen: In den Kleingruppen wird kräftig gearbeitet, es wird diskutiert und möglicherweise ja auch um das eine oder andere Ergebnis gerungen. Und da alle das Spiel kennen, wissen natürlich auch alle, wie es endet: Einer wird auserkoren, die ganzen bunten Kärtchen im Plenum zu präsentieren. Bingo! Klar, dass sich hier weder der Präsentator selbst blamieren möchte noch seine Gruppe im Vergleich zu den anderen Gruppen blass aussehen lassen mag. Und dann wird das Ganze ja meist auch noch fotografiert. Also da möchte man sich schon mit klaren und eindrucksvollen Worten verewigen. Also rauf mit den wohlklingenden Schlagworten auf die Kärtchen. Vielleicht wird ja sogar auf der Tonspur noch das eine oder andere ergänzt. Aber eben nur auf der Tonspur. Sichtbar bleiben die Schlagworte.

Das folgende Beispiel ist kein Einzelfall:
In einem Team mit zehn Teammitgliedern ist die Stimmung schon seit einigen Monaten etwas abgekühlt. Die Teamleiterin möchte das anstehende Teammeeting nutzen, um gemeinsam mit ihren Mitarbeitern an diesem Thema zu arbeiten. Sie schreibt folgende Frage auf das Whiteboard: »Was braucht es,

damit die Stimmung in unserem Team wieder besser wird?« In drei Gruppen tauschen sich die Mitarbeiter darüber aus. Am Ende der Runde werden die Antworten auf Moderationskärtchen geschrieben. Und es überrascht nicht wirklich, was auf den Kärtchen steht: »Vertrauen«, »Verständnis«, »Kommunikation«, »Transparenz« und »Wertschätzung«! Gibt sich die Teamleiterin mit diesen Ergebnissen zufrieden, wird sich nach dem Teammeeting nicht viel ändern. Sie hat aber noch eine Chance. Und diese besteht darin, die allgemeinen Ergebnisse in einem zweiten Schritt zu konkretisieren, mit Leben zu füllen und auf den pragmatischen Boden der Tatschen zu bringen. Möglich wird das mit Fragen, die auf das konkrete Verhalten abzielen. Eine mögliche Frage lautet in diesem Fall: »An welchen Verhaltensweisen Ihrer Kollegen würden Sie erkennen, dass diese Verständnis für Sie aufbringen?«

Verhaltensfragen ermöglichen konkrete und pragmatische Ergebnisse

Manchmal sind auch die Schlagworte Programm. Immer dann, wenn es um Unternehmenswerte geht, tauchen genau diese Begrifflichkeiten auf. Nachzulesen auf den Internetseiten, in Hochglanzbroschüren oder gerahmt im Eingangsbereich der Unternehmen. Keine Frage, dass sich diejenigen, die die Unternehmenswerte entwickelt haben, auch einiges dabei gedacht haben. Wirklich wertvoll werden die Unternehmenswerte immer dann, wenn sie von den Mitarbeitern so umgesetzt werden, dass daraus eine gelebte Unternehmenskultur entsteht. Und die entsteht pragmatisch und im Kleinen auf der Verhaltensebene.

Als ersten Schritt in die Berufstätigkeit habe ich vor vielen Jahren eine Bankausbildung bei unserer örtlichen Genossenschaftsbank gemacht. Es war eine wunderbare Zeit, an die ich heute noch gerne zurückdenke, auch wenn mich mein Weg dann in eine andere Richtung führte. »Wir machen den Weg frei« war damals der Slogan, der heute noch ergänzt wird durch den Zusatz »Jeder Mensch hat etwas, das ihn antreibt«. Entwickelt von Werbeprofis, ausgewählt von Entscheidern an zentraler Stelle. Messen lassen müssen sich aber die Mitarbeiter vor Ort. Die Firmenkundenberater in der Stadt genauso wie die Mitarbeiter der Filialen auf dem Land. Der Slogan als Versprechen gegenüber dem Kunden wird dann mit Leben gefüllt, wenn sich die Mitarbeiter vor Ort die Frage stellen: »Wie kann ich mich verhalten, dass mein Kunde das Gefühl hat, dass ich ihm den Weg freimache?« Nun habe ich bei meiner Volksbank Backnang durchaus dieses gute Gefühl. Aber dieses Runterbrechen von Unternehmensversprechen gilt ja nicht nur für den Finanzdienstleistungsbereich. Und vor Kurzem – als ich beinahe meine Automarke gewechselt hätte – da habe ich am eigenen Leib erfahren, dass es eben nicht selbstverständlich ist, dass die Mitarbeiter vor Ort die Unternehmenswerte verinnerlicht haben und auch leben. Das hat mich tatsächlich von einem Wechsel abgehalten. Auch wenn das Fahrzeug, um das es ging, durchaus attraktiv war.

Beispiele für Verhaltensfragen:

»Durch welche Verhaltensweisen unsererseits können unsere Kunden erkennen, dass wir uns für sie als Mensch interessieren?«

»Wie können wir uns als Außendienst verhalten, damit für die Kollegen aus dem Innendienst erkennbar wird, dass wir ihre Arbeit wertschätzen?«

»Wie müsste ich mich verhalten, dass Sie meine Art zu kommunizieren als offen bezeichnen würden?«

Verhaltensfragen können auch gut mit anderen Frageformen verknüpft werden:

Wenn wir jetzt den Innendienst fragen würden – welche Verhaltensweisen würden sie sich von uns wünschen?«

Angenommen, der Streit mit den Kollegen vom Einkauf wäre Geschichte und wir würden wieder so gut wie früher miteinander kommunizieren, durch welches Verhalten unsererseits wäre es möglich geworden, diesen Durchbruch zu schaffen?«

4.9 Der Blick in die Schatzkiste

Klappt etwas einmal nicht so gut, so schaut man intuitiv als Erstes auf das Problem. Und vergisst dabei leider allzu oft, über welch wertvolle Ressourcen man verfügt und welche anderen harten Nüsse man in der Vergangenheit schon alle geknackt hat. Dieses Potenzial gilt es, zu heben! Herausfordernde Situationen sorgen häufig dafür, dass wir in unserem Tunnelblick verharren und unsere eigenen Möglichkeiten gar nicht bewusst wahrnehmen. Denn auch, wenn wir genau diese aktuelle Situation noch nicht erlebt und so auch noch nicht bewältigt haben, so gibt es doch meist viele andere Beispielsituationen, in denen wir es geschafft haben, ähnliche Herausforderungen zu meistern, Hindernisse zu überwinden und gestärkt aus dieser Erfahrung hervorzugehen. Richten wir unseren Fokus auf das, was da ist!

Beispielfragen für den Blick in die Schatzkiste:

»Wie haben Sie es letztes Jahr geschafft, trotz der nicht besetzten Stelle so erfolgreich zu arbeiten?«

»Was läuft in Ihrem Team besonders gut, auf welche Erfolgsgeschichten sind Sie besonders stolz?«

»Wie haben Sie es in der Vergangenheit geschafft, dass diese herausfordernden Situationen nicht eskaliert sind?«

»Wenn Sie auf die letzten fünf Jahre zurückblicken – welche Entwicklungsschritte waren für Ihren Verein besonders wichtig?«

Auch hier ist eine Verknüpfung mit anderen Fragetypen möglich und hilfreich:

»Angenommen, Sie hätten das Projekt bereits erfolgreich abgeschlossen und könnten stolz auf den Prozessverlauf zurückblicken: Welche unterschiedlichen Kompetenzen hier im Team wären der Schlüssel zum Projekterfolg gewesen?«

»Wenn wir unsere Wettbewerber fragen würden – auf welche Kompetenzen in unserem Vertriebsteam wären diese besonders neidisch?«

Ein Bild sagt mehr als tausend Worte

Die Kraft der Bilder wirkt nicht nur bei Gemälden, Fotografien und Symbolen, die wir tatsächlich anschauen können, sondern auch bei Bildern, die in unserem eigenen Kopf entstehen! Geschichten erzeugen diese Bilder und sind deshalb sehr kraftvoll und vor allen Dingen auch merk-würdig. Anhand erlebter Geschichten lässt sich in einer Moderation der »Blick in die Schatzkiste« sehr lebendig und eindrucksvoll gestalten. Statt Kärtchen zu schreiben, erzählen die Teilnehmer reihum ihre wahren Geschichten.

In einem Workshop für ein renommiertes Einzelhandelsunternehmen ging es um die beiden Themen »Service« und »Kundenbindung«. Ziel des Workshops war es, das Bewusstsein zu schärfen, neue Ideen zu entwickeln und verbindliche Standards zu vereinbaren. Zu Beginn der Moderation sollte zunächst Bilanz gezogen werden: »Worauf sind wir stolz?« und »Wo haben wir noch Luft nach oben?« Um den Blick in die Schatzkiste eindrucksvoll und abwechslungsreich zu gestalten, waren die Mitarbeiter aufgefordert, Geschichten von Begebenheiten aus dem Kundenkontakt zu erzählen. Wahre Geschichten, auf die sie richtig stolz sein konnten. Es war ein Traum, hier zuzuhören! Und das nicht nur für mich, sondern gerade auch für die anderen Teilnehmer, die diese Geschichten auch noch nicht gehört hatten. Das Spektrum reichte von kleinen persönlichen Gesten bis hin zu spontanen Serviceleistungen, die am Ende des Tages sogar ins Standardprogramm aufgenommen wurden. Der Effekt dieser Bilanzierung war also ein dreifacher: Die Teilnehmer haben sich erstens auf merkwürdige Art und Weise Ihre Kompetenzen vergegenwärtigt. Zweitens sind in diesem Zuge bereits neue Ideen für zu etablierende Standard-Serviceleistungen entstanden und drittens war diese Arbeitsrunde für die Teilnehmer sehr kurzweilig und abwechslungsreich.

Solche selbst erlebten Geschichten sind sehr kraftvoll und richten den Fokus auf die eigene Kompetenz, die man ja tatsächlich so schon einmal gezeigt hat.

4.10 Alle Perspektiven auf einen Blick

Fragen sind das Herzstück der Moderation. Sie entscheiden darüber, in welche Richtung sich die Gedanken der Teilnehmer bewegen. Nun könnte diese Feststellung Druck aufbauen. Das soll sie aber nicht. Natürlich müssen wir uns der Bedeutung einer klugen Frage bewusst sein. Aber die gute Nachricht ist die:

Es gibt nicht die eine richtige Frage!
Man kann auf verschiedenste Herangehensweisen zum Ziel kommen. Und ob eine Frage die gewünschte Wirkung hat und die Teilnehmer zu neuem Denken inspiriert, lässt sich letzten Endes sowieso erst durch die Reaktion der Teilnehmer feststellen. Je intensiver wir uns allerdings im Vorfeld damit beschäftigen, desto größer ist auch die Wahrscheinlichkeit, dass wir mit unserer Fragestellung auch tatsächlich ins Schwarze treffen.

Besonders wertvoll und hilfreich ist es, dass wir als Moderatorinnen und Moderatoren auf eine breite Auswahl kreativer und inspirierender Frageformen zurückgreifen können. Diese bieten jede Menge Potenzial, die Teilnehmer zu neuem Denken zu inspirieren und ihnen dadurch den Weg zu ihrer individuellen Lösung zu ebnen.

Sieben auf einen Streich!

In dieser Tabelle sehen Sie noch einmal alle sieben Fragekategorien auf einen Blick:

Perspektive	Das bedeutet ...	Beispielfrage
Der Blick des Zuschauers	Perspektive des unbeteiligten Fremden	Angenommen, ein Spaziergänger würde beim Vorbeigehen unser Gespräch mit anhören – welche Gedanken würden ihm durch den Kopf gehen?
Der Blick des Vorreiters	Welchen Rat hätte ein innovativer Vorreiter für uns?	Angenommen, Vorreiter XY würde den Marketingplan für unsere Produktneuheit entwerfen – welche Punkte wären ihm dann besonders wichtig?
Der Blick der Partner	Wie sehen andere Beteiligte die Situation?	Angenommen, wir wären Kunden unseres Unternehmens, welche Erwartungen hätten wir an das Produkt?
Der Ziel-Blick	Wir tun einfach so als ob!	Angenommen, wir hätten es geschafft, dass unsere potenziellen Kunden unser neues Produkt kennen – für welche Kommunikationskanäle hätten wir uns dann bei der Produkteinführung entschieden?
Der Kopfstand-Blick	Wir stellen die eigentliche Frage auf den Kopf!	Was können wir tun, um das Projekt definitiv zum Scheitern zu bringen?
Der Blick auf das Verhalten	Das Verhalten steht im Vordergrund.	An welchen Verhaltensweisen würde ich erkennen, dass die Kollegen mich wertschätzen?
Der Blick in die Schatzkiste	Fokussierung auf die eigenen Ressourcen	Auf welche Kompetenzen können Sie hier im Team besonders stolz sein?

5.
Ideen und Ergebnisse festhalten – Techniken der Antwortsammlung

5.1 Tools und Materialien sind Mittel zum Zweck

Für mich sind Tools und Materialien in der Moderation Mittel zum Zweck. Nicht mehr – aber auch nicht weniger. Tools haben sich dem Ziel der Moderation immer unterzuordnen. Nicht selten aber passiert es, dass sich Moderatoren in Tools verlieben und sich von ihrer Begeisterung für eine bestimmte Technik leiten lassen. Ja klar mag ich auch die einen Tools mehr und die anderen weniger. Und weil ich mir dessen durchaus bewusst bin, hinterfrage ich mein Tun an dieser Stelle auch immer besonders kritisch:

Bringt diese Intervention meine Teilnehmer einen Schritt weiter oder finde ich das Tool einfach cool?

Die Toolverliebtheit macht übrigens auch vor den Auftraggebern nicht halt! »Mensch, bei dem Kongress letzte Woche haben die so ein World Café gemacht, das war klasse. Das machen wir jetzt auch!« Kennen Sie das? Also ich schon! Und manchmal passt es ja auch perfekt. Aber manchmal eben auch nicht. Und genau dies gilt es herauszuarbeiten. Es ist ja wunderbar, wenn man sich Anregungen holt und Positives aufgreift. Aber alles muss Sinn machen! Und genau diese Sinnhaftigkeit herauszuarbeiten und für sie zu stehen – das zeichnet einen guten Moderator aus.

Ich möchte Ihnen in diesem Kapitel zunächst die Basics der Moderationsdurchführung vorstellen. Und ich möchte gleichzeitig ein Plädoyer für Moderationshilfsmittel halten! Denn es gibt so viele unzählige Meetings in Unternehmen und Sitzungen in Vereinen und Verbänden, denen ein wenig unterstützendes Material so guttun würde! Aber Kärtchen, Flipchart und Co sind für viele nicht wirklich sexy! Schade eigentlich.

Doch auch, wenn die bunten Materialien bei manchen verpönt sind – sie sind ein Vehikel, um Ideen und Ergebnisse festzuhalten und legen damit die Basis für eine sinnvolle Weiterbearbeitung und nachhaltige Ergebnissicherung. Der bei manchen verbreitete schlechte Ruf kommt nach meinem

Dafürhalten daher, dass viele von uns schon »durchmoderiert« sind. Sie haben schon zig Wände mit Kärtchen »tapeziert« und fragen sich zu Recht, was denn aus den vielen guten Ideen geworden ist. Und das ist leider nicht immer viel.

Diese Tatsache selbst hat aber mit den Materialien zunächst rein gar nichts zu tun. Alibimoderationen haben ihre Ursachen immer im Konzept der Moderation. Deswegen steht und fällt eine Moderation mit einem gut durchgeführten Moderationscheck!

Kärtchen sind nicht gleich Kärtchen

Moderationsmaterial besteht nicht nur aus den klassischen bunten Kärtchen in rund, eckig und oval und den bekannten Wolken. Natürlich befinden diese sich auch in meinem Materialvorrat. Aber eben nicht nur. Ich nutze für viele Fälle ganz bewusst größere Karten in DIN A5, DIN A4 oder sogar DIN A3. Denn manchmal muss einfach mehr drauf als nur ein Schlagwort.

Abbildung 5: Verschiedene Moderationskärtchen; Foto: Akademie für Systemische Moderation

Und auch hier sind wir wieder bei der Sinnhaftigkeit:

- Was möchte ich durch die jeweilige Moderationssequenz erreichen?
- Mit welcher klugen Fragestellung gelingt mir das?
- Und welches Material unterstützt mich hierbei?

Wer das Material sinnvoll einsetzen möchte, der verlässt sich nie auf die Hilfsmittel, die er in (fremden) Besprechungsräumen vorfindet, sondern sorgt selbst für eine gewisse Ausstattung. Da wir beim agilen Moderieren jederzeit darauf gefasst sind, dass sich der ursprüngliche Plan ruck, zuck ändert, wissen wir auch nie ganz genau, welches Material hierfür die beste Unterstützung bieten kann. Da ist es gut, vor Ort auf eine gewisse Auswahlmöglichkeit zurückgreifen und sich situativ entscheiden zu können.

Ich selbst nutze übrigens keinen fertig konfektionierten Moderationskoffer. Stattdessen habe ich mir mein Material nach meinen Bedürfnissen selbst zusammengestellt und bevorzuge hier durchaus ungewohnte Kartengrößen, wohingegen ich manche klassischen Formen nahezu gar nicht verwende. Immer getreu dem Motto: Das Material hat keinerlei Selbstzweck, sondern soll den Prozess der Lösungsfindung sinnvoll unterstützen.

Und genau jetzt höre ich sie, die Aufschreie vieler Leser: »Das ist ja alles schön und gut für euch Profimoderatoren und eure klassischen Workshop-Moderationen von einem oder zwei Tagen. Was ist aber mit den kleinen Moderationsanlässen, den Teammeetings und Kundengesprächen? Ich habe doch nicht immer einen Riesenkoffer vielfältigster Materialien zur Hand!«

Das stimmt natürlich. Aber eine gute Materialausstattung schadet keinem Besprechungsraum. Ich selbst habe erst kürzlich bei einem Inhouse-Seminar für eine große Stadtverwaltung einen Abteilungsleiter kennengelernt, der seine Abteilung mit einem gut sortierten Moderationskoffer ausgestattet hat und selbst die Arbeit mit den Materialien vorlebt. Das war für das Team anfangs komplett ungewöhnlich – es funktioniert aber hervorragend und hat sich prima etabliert.

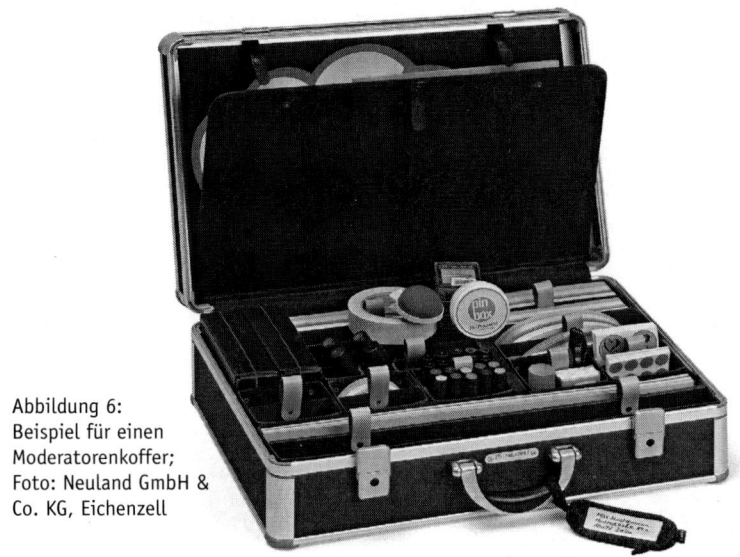

Abbildung 6:
Beispiel für einen
Moderatorenkoffer;
Foto: Neuland GmbH &
Co. KG, Eichenzell

Bleiben aber noch die Termine außer Haus, bei denen man möglicherweise am Anfang noch gar nicht weiß, dass man am Ende in die Rolle des Moderators schlüpfen wird. Gerade für diese Fälle haben die Hersteller wunderbare Lösungen geschaffen! So gibt es als Alternative zu den klassischen Materialien mittlerweile

- elektrostatisch haftende Flipchartfolie und
- elektrostatisch haftende Kärtchen in verschiedenen Farben

Die superdünnen Materialien lassen sich prima überall mit hinnehmen. Und durch ihre selbsthaftende Beschaffenheit hat sich die Frage nach Pinnwand und Nadeln oder Kleber ebenfalls erübrigt. So sind also auch Reisende und Spontanmoderatoren ohne großes Gepäck jederzeit einsatzbereit!

Abbildung 7:
Beispiel für
elektrostatisch
haftende Karten;
Foto: Neuland GmbH &
Co. KG, Eichenzell

Sie sehen – es gibt keinen Grund mehr, auf die Unterstützung von Flipchart, Kärtchen und Co zu verzichten! Na los, probieren Sie es einfach mal aus.

5.2 Auf den Inhalt kommt es an – Zuruf und Kartenabfrage

Moderationen haben unterschiedlichste Anlässe und Ziele. Diese Vielfältigkeit wird mir immer dann besonders bewusst, wenn ich meine Ausbildungsteilnehmer betrachte: Während die einen Veränderungsprozesse oder Projekte begleiten, ist es die Aufgabe der anderen, mithilfe der Moderation die Entwicklung innovativer Produktideen zu ermöglichen. Aber so unterschiedlich die inhaltliche Arbeit auch ist – eine Gemeinsamkeit haben sie dennoch: Alle sind sie auf der Suche nach guten Antworten.

Bei den Techniken der Antwortsammlung unterscheiden wir zwischen Inhalts- und Gewichtungsfragen. Wie der Name schon sagt, geht es bei den Inhaltsfragen darum, inhaltliche Antworten zu generieren. Die Gewichtungsfragen hingegen werden genutzt, um ein Stimmungsbild einzuholen oder eine Priorisierung vorzunehmen. In diesem Kapitel werden wir uns zunächst mit den Inhaltsfragen beschäftigen. Auf die Gewichtungsfragen gehe ich dann im nächsten Kapitel näher ein.

Bei den Inhaltsfragen werden klassischerweise folgende beiden Kategorien unterschieden:

- Zuruf-Frage
- Kartenabfrage

Zuruf-Frage

Die Zuruf-Frage wird häufig mit dem typischen Brainstorming in Verbindung gebracht. Die Teilnehmer lassen ihre Ideen sprudeln und der Moderator notiert diese. Dies geschieht meist am Flipchart – kann aber natürlich auch auf dem Whiteboard, dem Brownpaper einer Pinnwand oder über Laptop und Beamer erfolgen.

Die Zuruf-Frage	
... ist immer dann geeignet, wenn	... das Thema überschaubar ist.
	... die Frage kein langes Nachdenken erfordert.
	... keine Anonymität gewahrt werden muss.
Vorgehensweise	Die Fragestellung wird visualisiert.
	Der Moderator notiert die Beiträge in der Reihenfolge des Zurufs.
	Nachdem die Antwortphase abgeschlossen ist, müssen die Beiträge für die weitere Bearbeitungsphase vorbereitet werden. Hierzu kann es nötig sein, die Antworten thematisch zu ordnen und auf eine beziehungsweise mehrere neue Listen zu übertragen.
Die Arbeit mit der Zuruf-Frage bringt folgende Vorteile	Schnelle Methode ohne großen Zeitaufwand.
	Teilnehmer inspirieren sich gegenseitig.
	Jeder Beitrag zählt.

Folgende Herausforderungen kommen auf den Moderator zu	Schnellschreiber sind gefragt.
	Es kann nicht schnell und einfach umsortiert werden. Um die Antworten thematisch zu ordnen, ist es notwendig, eine neue Liste zu schreiben.
	Durch das Schreiben dreht der Moderator den Teilnehmern sehr häufig den Rücken zu. Das macht sowohl das Steuern der Beiträge als auch die Beobachtung der Teilnehmer schwierig. Durch Körpersprache zum Ausdruck gebrachte Skepsis kann beispielsweise vom Moderator schwer wahrgenommen werden.

Ich gebe es offen und ehrlich zu – ich persönlich bin in meiner Rolle als Moderatorin kein großer Freund der Zuruf-Frage. Nicht zuletzt, weil für mich »schnell schreiben« und »lesbar schreiben« zwei Pole sind, die bei mir ganz schwer zusammenkommen. Sie sollten mal die Notizen auf meinem Schreibtisch sehen, dann wüssten sie, wovon ich spreche. Klar kann ich gut leserliche Flips und Moderationskarten schreiben – aber nicht annähernd in dem Tempo, in dem meine Teilnehmer sprudeln. Dennoch nutze ich die Zuruf-Frage immer wieder. Einfach weil es an manchen Stellen richtig Sinn macht und die Vorteile im Vergleich zu den Herausforderungen überwiegen. Und wenn etwas sinnvoll ist und meine Teilnehmer weiterbringt, dann nehme ich sogar die Herausforderung des Schnell-lesbar-Schreibens auf mich! Erst dieser Tage geschehen:

Ich hatte den Auftrag, im Rahmen einer Moderation mit einem kleineren Team an der abgekühlten Stimmung und der verbesserungswürdigen Kommunikation zu arbeiten. Es war – so mein persönlicher Eindruck – ein ganzes Knäuel von Gegebenheiten und Missverständnissen, die letzten Endes zu der aktuellen Situation geführt hatten. Wir kamen recht gut voran. Die Teilnehmer arbeiteten engagiert mit und rasch konnten die ersten Ergebnisse erzielt werden. Doch dann kam der Prozess ins Stocken: Die Teilnehmer taten sich schwer damit, ihre eigenen Ressourcen für eine gelingende Kommunikation zu identifizieren und zu benennen. Genau das jedoch war mir wichtig. Und ich war mir sicher, dass hier einiges vorhanden war. Genau auf das wollte ich aufbauen. Also wich ich ab von meinem Plan und überraschte meine Teilneh-mer mit einer Kopfstandfrage (Kapitel 4.7, siehe Seite 114 ff.) »Was können Sie konkret dafür tun, dass gar keine Kommunikation im Team mehr statt-findet?« Nach klassischer Zuruf-Manier schrieb ich als Moderatorin jetzt die Antworten der Teilnehmer auf das Flipchart. Und was das Schöne war: Genau aus diesem Negativszenario haben die Teilnehmer ihre Lösung gefunden!

Die Zuruf-Frage war an dieser Stelle deshalb so geeignet, weil die schnelle Me-thode perfekt zu den schnell sprudelnden Negativ-Gedanken passte und sich die Teilnehmer darüber hinaus wunderbar gegenseitig inspirieren konnten.

Karten-Abfrage

Jetzt kommen sie ins Spiel, die klassischen bunten Kärtchen. Und verges-sen Sie nicht – Sie haben hier mehr Möglichkeiten, als Sie möglicherweise denken. Erfolgsentscheidend ist Ihre kluge und sinnvolle Frage. Die Kar-ten-Abfrage ist das praktische Vehikel, das die Antworten Ihrer Teilnehmer sichert.

Die Karten-Abfrage	
... ist immer dann geeignet, wenn	... Ideen, Aspekte, Lösungsansätze zu sammeln sind.
	... alle Teilnehmer aktiv mit eingebunden werden sollen.
Vorgehensweise	Die Fragestellung wird visualisiert.
	Die Teilnehmer schreiben ihre Antworten mit Marker auf die Moderationskarten (ein Gedanke pro Karte – so sind die Antworten auch lesbar)
	Die Karten werden je nach Thema anonym eingesammelt oder aber öffentlich präsentiert.
	Thematisch passende Karten werden zueinander gehängt.
	Cluster werden gebildet und erhalten gegebenenfalls eine Überschrift.
	Bei Zuordnungsdifferenzen werden Karten gedoppelt.

Die Arbeit mit der Karten-Abfrage bringt folgende Vorteile	Jeder Teilnehmer wird einbezogen. Beiträge entstehen gleichzeitig und unabhängig voneinander. Kreativität und Individualität werden nicht eingeengt (beispielsweise durch das vorzeitige Dagegenreden anderer Teilnehmer). Zusammenhänge werden optisch sichtbar. Beiträge können gut geordnet werden.
Folgende Herausforderungen kommen auf den Moderator zu	Durch das parallele Arbeiten entstehen viele Antworten, was beim Anpinnen und Sortieren zeitintensiv sein kann. Die vielen Antworten können unübersichtlich werden.

Die klassische Karten-Abfrage geht davon aus, dass jeder Teilnehmer seine Antworten alleine findet und visualisiert. Hierdurch kann gegebenenfalls die Anonymität ein Stück weit gewahrt werden (solange die Handschrift den Schreiber nicht verrät).

Natürlich wird sowohl die Zurufvariante als auch die Arbeit mit Karten auch dann genutzt, wenn die Teilnehmer nicht alleine, sondern in Arbeitsgruppen an einer Fragestellung arbeiten.

5.3 Arbeit in Kleingruppen – was gilt es zu beachten?

»Oh nein, keine Kleingruppen – wir machen das lieber alle zusammen!« Diesen Satz höre ich als Moderatorin immer mal wieder. Kennen Sie das auch? Die meisten Teilnehmer haben große Vorbehalte, wenn es um Gruppenarbeiten geht. Dabei ist die Arbeit in Kleingruppen meist weitaus intensiver und effizienter als im großen Plenum. Man kann sich in kleineren Gruppen nicht so gut verstecken und das heißt im Umkehrschluss natürlich, dass sich jeder weitaus besser einbringen kann. Und das gilt gerade auch für diejenigen, die eher zu den introvertierteren Teilnehmern gehören. Für mich hat die Arbeit in Kleingruppen tatsächlich etwas mit »intensiver Arbeit am Thema« zu tun, während die Diskussion in der großen Gruppe sich schneller im Kreis dreht beziehungsweise leider gern von Einzelnen dominiert wird. Hier ist dann die souveräne Gesprächsführung des Moderators gefragt. Lesen Sie hierzu Kapitel 8, siehe Seite 195 ff.

Jeder Einzelne ist in der Kleingruppenarbeit mehr gefordert! Erst recht, wenn die Ergebnisse dann auch noch schriftlich festgehalten und vorgestellt werden sollen. Aber darum geht's doch schließlich, oder? Am Ende des Tages ist ja keinem geholfen, wenn statt konkreter Ergebnisse nur endlose Diskussionen zu verzeichnen sind.

Mich erinnert das ein wenig daran, wenn ich nach einem anstrengenden Arbeitstag mit wehenden Fahnen auf meiner Yoga-Matte ankomme. Vielleicht reicht es ja noch, sich, kurz bevor es losgeht, einmal kurz auf die Matte zu setzen. Oder noch besser gleich hinzulegen. Und in diesem Setting bin ich eben eine ganz normale Teilnehmerin. Mit ganz normalen Bedürfnissen. Und mit ziemlich müden Augen. Und dann kommt schon mal der typische Ausspruch: »Ach, heute könnten wir gleich zur Schlussentspannung übergehen!« Und was wäre, wenn unsere Yoga-Lehrerin auf diese nur zu menschlichen Wünsche eingehen würde? Wir wären am Ende des Tages enttäuscht! Fühlten uns insgesamt nicht so gut entspannt und erholt wie nach einer kompletten Yoga-Stunde inklusive Schlussentspannung. Aber obwohl wir das eigentlich wissen, kommen sie immer wieder, diese typischen Sprüche. Man mag es kaum glauben – aber selbst beim Yoga muss man ihn hie und da überwinden, den inneren Schweinehund.

Mit dem Bewusstsein, dass es selbst mir beim Yoga manchmal so geht, habe ich durchaus ein ehrliches Verständnis für meine Teilnehmer. Das heißt allerdings nicht, dass ich ihren Wünschen nachgebe. Und das muss ich auch nicht, denn mit einer empathischen Haltung, gepaart mit der festen Überzeugung, dass die Gruppe am Ende des Tages durch die intensive

Arbeit einen guten Schritt weiterkommt, gelingt es meist recht leicht, die Teilnehmer mit auf den gemeinsamen Arbeitsweg zu nehmen.

Und dennoch wird es zu selten praktiziert: Warum nicht in der großen Verbandssitzung einmal die Bearbeitung und Vertiefung eines Themas in Kleingruppen angehen? Innerhalb kürzester Zeit können auf diese Weise konkrete Ergebnisse entstehen. Und wir wissen alle: wer selbst in die Lösung bestehender Herausforderungen eingebunden war und diese aktiv mitgestalten konnte, der steht auch ganz anders dahinter! Deshalb ist es so schade, dass gerade bei den vielen Sitzungen von Vereinen und Verbänden so wenig interaktiv und miteinander gearbeitet wird.

Während sich bei Sitzungen im Plenum alle mit einem Thema beschäftigen, wird es durch die Kleingruppenarbeit möglich, zeitgleich an unterschiedlichen Fragen zu arbeiten. Hierbei können beispielsweise verschiedene Themen aufbereitet werden, damit das komplette Gremium nachher eine gut vorbereitete Entscheidungsbasis hat.

Vorteile der Kleingruppenarbeit:

- Jeder ist gefordert – auch introvertierte Teilnehmer.
- Auf diese Weise können auch unterschiedliche Meinungen einfließen.
- Es kann parallel an mehreren Themen gearbeitet werden.

Hat sich der Moderierende dann zur Arbeit mit Kleingruppen entschieden, steht als Nächstes die Aufgabe der Gruppeneinteilung an.

Gruppeneinteilung

Bei der Frage, ob sich die Teilnehmer selbst zuordnen oder ob der Zufall hierbei unterstützen soll, gilt wie so oft: Alles muss Sinn machen!

Zufällige Gruppeneinteilung

Gleich und Gleich gesellt sich gern! Aber die spannenden und neuen Er-kenntnisse kommen meist dann, wenn man während der Gruppenarbeit auch mit ganz neuen Perspektiven in Berührung kommt. Hier ist also Vielfalt besonders wertvoll. Sofern es keinen Grund gibt, bestimmte Hie-rarchien, Abteilungen et cetera gleichmäßig in den Gruppen abzubilden, spricht nichts dagegen, die Gruppe bunt zu mischen.

Für Gruppenbildung nach dem Zufallsprinzip gibt es zahlreiche Facetten, die ich Ihnen hier nicht im Einzelnen vorstellen möchte. Da sind Sie selbst kreativ genug. Ob durch Abzählen, mit Spiel- oder Symbolkarten oder mit Süßigkeiten, die blind aus einem Säckchen gezogen werden – von einer Teilnehmerin meiner Ausbildung liebevoll als figurformende Gruppenein-teilung tituliert – die Varianten sind vielfältig. Schauen Sie, was zu Ihnen und zu Ihren Teilnehmern passt.

Mitunter ist es wichtig, dass verschiedene Bereiche in den Kleingruppen repräsentiert sind

Brauche ich zur umfassenden Bearbeitung beispielsweise aus jeder der an-wesenden Abteilungen einen Vertreter, dann kann ich die Einteilung nicht komplett dem Zufall überlassen. Ich muss als Moderator bei der Gruppen-einteilung also sicherstellen, dass die verschiedenen Abteilungen auch in jeder Kleingruppe repräsentiert sind. Welche Personen dies dann im Einzel-nen sind, das wiederum kann zufällig bestimmt werden.

Bei einer Moderation zum Thema Unternehmenswerte habe ich mit einer größeren Gruppe gearbeitet, die sich zu circa einem Fünftel aus Geschäfts-leitung und Führungskräften und zu je circa zwei Fünfteln aus Mitarbeitern und Vertretern des Betriebsrates zusammengesetzt hat. Ich arbeite bevor-zugt mit gut durchmischten Gruppen. Denn so werden bei der intensiven Bearbeitung eines Themas vielfältige Facetten und Perspektiven mit einbezo-gen. Soll heißen, ich versuche meist zu vermeiden, dass die Kollegen, die sich gut kennen und eine ähnliche Sicht vertreten, zusammenarbeiten, sondern

setze vielmehr auf die Vielfalt einer Gruppe. Das galt auch in diesem Fall –
aber: Mir war es in diesem konkreten Fall besonders wichtig, dass in jeder
Arbeitsgruppe auch Mitglieder der Führungsriege, der Betriebsräte und der
Mitarbeiter vertreten sind. Bei den Mitarbeitern und Betriebsräten war es
aufgrund der Personenzahl sehr wahrscheinlich, dass dies auch bei zufälliger
Gruppeneinteilung passen würde. Nicht so hingegen bei der Führungsriege.
Aus diesem Grund habe ich zunächst je eine Sorte meiner Süßigkeiten in das
Säckchen gegeben und die Führungskräfte ziehen lassen. In einem zweiten
Schritt kamen dann die restlichen Süßigkeiten ins Säckchen und die Teilneh-
mer wurden einer Führungskraft zugelost.

Gruppenbildung nach Interesse

Gerade wenn es um die Umsetzung unterschiedlicher Themen geht, macht
es häufig Sinn, die Gruppenbildung nach Interesse vorzunehmen. Die einen
sind eher kreativ, die anderen die Zahlen-Daten-Fakten-Menschen. Wichtig
sind sie alle. Nur lassen sich manche Fähigkeiten an der einen Stelle besser
einbringen als an der anderen. Der Moderator sollte sich genau darüber
im Klaren sein, welche Konstellation für den nächsten Arbeitsschritt die
sinnvollste ist. Der Vorteil der Gruppenbildung nach Interesse ist der, dass
die Teilnehmer meist sehr motiviert sind, da sie ja in dem von ihnen favorisierten Bereich mitarbeiten dürfen.

Gruppenbildung nach Zusammengehörigkeit

Am Anfang oder am Ende einer größeren Moderation kann es durchaus
sinnvoll sein, einzelne Organisationseinheiten als jeweilige Gruppe zusammenarbeiten zu lassen. Sei es, um die gemeinsame Perspektive zu Anfang
in die Moderation einzubringen oder aber am Ende Erkenntnisse für die
Umsetzung zu generieren und davon Maßnahmen abzuleiten.

Ich moderiere für ein konzernübergreifendes Frauennetzwerk einmal jährlich
eine Veranstaltung mit den Vorständen der beteiligten Unternehmen. Das
gemeinsame Ziel des Netzwerks ist es, sich gegenseitig zu unterstützen und
gemeinsam daran zu arbeiten, dass es in den einzelnen Unternehmen mög-

lich wird, den Anteil der Frauen in Führungspositionen zu erhöhen. Während es für die Unternehmensvertreter der sechs beteiligten Unternehmen sehr inspirierend und interessant ist, sich während der Workshop-Runden mit Vertretern anderer Unternehmen auszutauschen, um neue Erfahrungen und Sichtweisen kennenzulernen, geht es am Ende der Veranstaltung darum, unternehmensintern zu überlegen, wie die Erkenntnisse ins eigene Unternehmen getragen und dort umgesetzt werden können. Die letzte Arbeitsrunde erfolgt also immer an Unternehmenstischen.

Wichtig für die Arbeit mit Kleingruppen

Kleingruppen arbeiten autark. Und auch, wenn der Moderator immer wieder nach den einzelnen Gruppen schaut, sind sie doch ein Stück weit auf sich alleine gestellt. Damit sie auch intensiv und effizient arbeiten können und nicht etwa eine Grundsatzdebatte über den Sinn und Zweck dieser Übung entflammt, gilt es auf folgende Punkte zu achten:

- **Sinnhaftigkeit:** Die Teilnehmer verstehen den Sinn der Gruppenarbeit.
- **Verständlichkeit:** Der Arbeitsauftrag wird der Gruppe so verständlich vermittelt, dass sich keine Rückfragen ergeben.
- **Visualisierte Frage:** Die zugrunde liegende Fragestellung – die ebenfalls einfach und verständlich formuliert ist – steht den Teilnehmern schriftlich zur Verfügung. Arbeiten die Gruppen in separaten Räumen, können sie auch dort auf die visualisierte Frage zurückgreifen.
- **Zeitangabe:** Die Teilnehmer wissen, wie viel Zeit ihnen zur Verfügung steht. Entscheidet sich der Moderator situativ, diese Arbeitszeit zu verlängern, wird dies entsprechend kommuniziert. Diese Zeitzugabe ist aber nur dann sinnvoll, wenn alle Gruppen mehr Zeit benötigen.
- **Ergebnispräsentation:** Den Teilnehmern ist bekannt, in welcher Form sie ihre Ergebnisse aufbereiten und vorstellen sollen.

Wie wird präsentiert?

Die Präsentation der Ergebnisse aus den Kleingruppen sollte so gestaltet sein, dass gut damit weitergearbeitet werden kann. Deshalb ist es sinnvoll, thematisch zusammenpassende Ergebnisse auch zueinander zu hängen. Dann fällt das anschließende Clustern leichter.

Bei der Präsentation empfehle ich Ihnen, auf die folgenden Punkte zu achten:

Lassen Sie die **Präsentierenden immer paarweise vorkommen**. So kann einer die Ergebnisse vorstellen und der andere die Kärtchen anpinnen.

Lassen Sie als Moderator die **Teilnehmer ihre Kärtchen selbst anpinnen** und konzentrieren Sie sich auf die Präsentierenden und die Gruppe. Dann können Sie Verständnisfragen aus dem Plenum aufnehmen oder auch selbst nachfragen, wenn Sie das Gefühl haben, dass zu einem Punkt noch Erklärungsbedarf herrscht. Wir sind in dieser Situation mit ganzer Aufmerksamkeit gefordert und können unsere Kernaufgabe nicht wahrnehmen, wenn wir – gut gemeint – die Aufgabe des Anpinners übernehmen.

Teilnehmer möchten mögliche **Mehrfachnennungen** meist nicht mehr anpinnen. Aber Mehrfachnennung bringen zum Ausdruck, dass dieser Punkt besonders wichtig ist, da er ja gleich von mehreren genannt wurde. Mehrfachnennungen haben somit absolut eine Aussage. Alle Kärtchen, die geschrieben wurden, sollen auch einen Platz an der Wand finden.

Achten Sie bitte unbedingt darauf, dass **kein Kärtchen über ein anderes gehängt wird** – selbst wenn exakt dasselbe darauf steht. Zumindest im Unterbewusstsein registrieren die Teilnehmer, dass **ihr** Kärtchen überhängt wurde. Und das fühlt sich nicht gut an.

Mir ist es einmal passiert, dass ich in einem Sitzungssaal einer Gemeinde eine supermoderne Präsentationswand in optisch ansprechender, halbrunder Form zur Verfügung hatte. Die recht große Teilnehmergruppe hatte engagiert im World Café-Format gearbeitet und nun sollten die wichtigsten Ergebnisse vorgestellt werden. Wie gewohnt ließ ich die Teilnehmer zur Ergebnispräsentation paarweise vorkommen. Schließlich wollte ich meine Rolle als nachfragende Moderatorin wahrnehmen und nicht zum Pin-Assistenten mutieren. Nun hatte ich mit den Tücken dieser futuristischen Wand nicht gerechnet. Und beim ersten Kärtchen merkte ich, dass das Anpinnen der Karten ohne das Festhalten der Wand unmöglich gewesen wäre. Die Wand selbst hatte null Stabilität! Gemeinsam mit dem zweiten Partner des Präsentatoren-Tandems hielt ich die Wand fest. Anfänglich war ich auch ganz optimistisch, dass ich diese Doppelrolle locker hinbekommen würde. Schließlich muss man Wände immer wieder mal mit einer Hand festhalten. Doch dabei hatte ich weder mit dieser widerspenstigen Wand noch mit dem motivierten Präsentator gerechnet! Vor lauter Begeisterung über die tollen Ergebnisse nutzte er die ganze Bühne und begann damit, seine Karten wirkungsvoll und mit ganzem Körpereinsatz zu präsentieren! Und ich war hinter ihm – ebenfalls mit ganzem Körpereinsatz – damit beschäftigt, die supercoole Wand zu halten, na prima! Doch auch ein High-Performer muss Luft holen. Und genau das war meine Gelegenheit, aus seinem Windschatten wieder ins Rampenlicht zu treten. Sie merken, ich übertreibe etwas, aber – ganz ehrlich – wirklich nur ein klitzekleines Bisschen! Ich habe also aus dem Teilnehmerkreis einen Unterstützer für die Wand geholt und konnte meine Rolle als aktive Moderatorin wieder voll mit Leben füllen.

Was tun mit den vielen Ergebnissen?

Wenn die Ergebnisse präsentiert und thematisch zusammengeführt, also geclustert wurden, fängt meist die eigentliche Arbeit erst an. In weiteren Arbeitsschritten werden die Themen vertieft und bearbeitet. Doch häufig wurden von den Teilnehmern mehr Themenbereiche erarbeitet als (zunächst) weiter bearbeitet werden können. Jetzt wird es wichtig, eine Priorisierung vorzunehmen.

5.4 Eine Frage der Priorisierung – Mehrpunktabfrage

»*Ich will alles, ich will alles, und zwar sofort* ...« Das wusste schon Schlager-sängerin Gitte Hænning. Doch was uns in unseren kühnen Träumen ab und an vorschwebt, das scheitert in der Praxis meist an den verschiedensten Faktoren. Und dabei liegt es gar nicht immer nur am Geld. Ressourcen wie Zeit und Kapazität spielen heute eine zunehmend bedeutende Rolle. Deshalb gilt es, Prioritäten zu setzen und sich zu entscheiden, welche Vor-haben (in welcher Reihenfolge) angegangen werden sollen.

In der Moderation ist dies ein wichtiger Schritt auf dem Weg zu konkreten und umsetzbaren Lösungen. Denn genau das wollen wir ja: konkrete Ergeb-nisse statt endloser Diskussion! Eine Fülle von angedachten Ideen bringt uns noch nicht wirklich weiter. Jetzt gilt es vielmehr zu schauen, welche dieser Ideen genau in dieser Situation die passende ist! Erst dann kann es gelingen, sich weiter zu vertiefen und die sprichwörtlichen PS auf die Straße zu bekommen. Um eine Priorisierung vorzunehmen, arbeiten wir in der Moderation mit der **Mehrpunkt-Abfrage**.

Bei der Formulierung dieser Frage gilt es, genau nachzudenken und auch den Moderationscheck (Kapitel 2, siehe Seite 43 ff.) mit einzubeziehen. Denn haben wir in diesem Stadium sauber gearbeitet, sind Rahmenbedin-gungen wie beispielsweise das Budget schon bekannt.

Anhand welcher Kriterien soll priorisiert werden?

Eine Priorisierung hat mehr zu bieten als nur die auf der Hand liegende Frage: »Welches dieser Themen wollen wir denn nun weiter vertiefen?« Sie können mit der Priorisierung ganz bewusst Schwerpunkte setzten. Und diese orientieren sich sinnvollerweise am Ziel der Moderation. Wenn Sie sich die nachfolgenden Beispielfragen anschauen, sehen Sie sofort, dass hier die Antworten ganz unterschiedlich ausfallen würden:

Welche Themen sind ...

... strategisch wichtig?

... am schnellsten umzusetzen?

... am kostengünstigsten umzusetzen?

... am wirkungsvollsten in der Öffentlichkeit?

... am kreativsten?

... dazu geeignet, uns deutlich von unseren Mitbewerbern abzugrenzen?

Und natürlich gibt es je nach Thema und Aufgabenstellung noch viele weitere Varianten. Der Moderator ist also auch hier einmal mehr gefragt, sinnvoll und klug im Sinne des Moderationschecks zu agieren!

Ist die Frage dann gestellt, sind die Teilnehmer aufgefordert, ihre Favoriten durch Klebepunkte zu kennzeichnen. Falls keine vorhanden sind, tun es auch mit Marker gemalte Punkte oder Striche.

Wie viele Punkte werden vergeben?

Vorsicht – hier kommt sie, die große Falle: Man mag zunächst davon ausgehen, die Zahl orientiere sich an der Anzahl der gesuchten Lösungen. Doch diese Vorgehensweise funktioniert nicht.

Deutlich wird das an folgendem Beispiel:

Eine fünfköpfige Familie plant das Weihnachtsessen. Und jeder der Fünf hätte gerne sein persönliches Lieblingsessen auf dem Speiseplan! Jedes Familienmitglied schreibt also sein Lieblingsessen auf einen gemeinsamen Zettel. Und nun wird priorisiert. Da am Ende des Tages ja ein Weihnachtsessen herauskommen soll, bekommt also jeder einen Klebepunkt. Was passiert? Man ist nach der Priorisierung genauso schlau wie zuvor. Denn natürlich klebt jeder seinen Punkt auf seinen eigenen Speisevorschlag.

Um eine demokratische Mehrheitsbildung zu ermöglichen, müssen immer auch gangbare Alternativen mit einbezogen werden. Deshalb zählt der Moderator zunächst die Antworten und orientiert sich bei der Ausgabe der Punkte an der Fünfzigprozentregel: Er halbiert also die Anzahl der Antworten und gibt jedem Teilnehmer genau diese Anzahl an Punkten aus. Und das völlig unabhängig davon, wie viele Themen am Ende ausgewählt werden sollen! Ist die Anzahl ungerade, wird entweder auf- oder abgerundet. Stehen weniger als elf Antworten zur Wahl, empfehle ich grundsätzlich aufzurunden.

Die Anzahl der zu vergebenden Punkte entspricht in etwa der halben Anzahl der Antworten.

Sind die Punkte ausgegeben, gilt es noch zu entscheiden, ob kumuliert werden darf, damit die Teilnehmer ihrer favorisierten Antwort noch höheres Gewicht verleihen können. Ich persönlich gebe den Teilnehmern diese Möglichkeit nahezu immer. Hier gilt allerdings zu beachten, dass maximal zwei Punkte pro Antwort vergeben werden dürfen. In unserem Weihnachtsbeispiel hätte jedes Familienmitglied also drei Punkte erhalten, wobei maximal zwei Punkte pro Gericht vergeben werden dürften.

Sind dann alle Punkte verteilt, gilt es für den Moderator auszuwerten. Und dabei ist nicht alles so, wie es scheint: Da nicht immer alle Punkte schön übersichtlich neben die Antwort geklebt werden, sondern auch teilweise recht wild rund um die geschriebenen Antworten angeordnet sind, kann der optische Eindruck auch täuschen. Deswegen zähle ich die Punkte vor den Augen der Teilnehmer und schreibe dann die entsprechende Anzahl daneben. Und da ich mit den handelsüblichen Klebepunkten immer wieder meine ganz eigenen Erfahrungen bezüglich ihrer Klebedauer auf dem Papier mache, bin ich mit der Kennzeichnung auch dann noch auf der sicheren Seite, wenn sich der eine oder andere Punkt früher als gedacht verabschiedet.

Hier noch einmal die Mehrpunkt-Abfrage auf einen Blick:

Die Mehrpunkt-Abfrage

... ist immer dann geeignet, wenn	... Ideen, Aspekte, Lösungsansätze priorisiert werden sollen. ... Entscheidungen herbeizuführen sind.
Vorgehensweise	Die Priorisierungsfrage wird entsprechend der Fokussierung formuliert und idealerweise visualisiert. Die Teilnehmer erhalten ihre Klebepunkte: ½ Anzahl der Antworten pro Person. Hinweis des Moderators zum Kumulieren. Punkte werden geklebt. Moderator zählt und notiert die Anzahl der Punkte.
Die Arbeit mit der Mehrpunkt-Abfrage bringt folgende Vorteile	Schnelle und demokratische Entscheidungsfindung. Teilnehmer können mehrere Nennungen abgeben. Teilnehmer können ihre Favoriten besonders gewichten.
Folgendes ist unbedingt zu beachten	Formulierung der Priorisierungsfrage muss dem Ziel der Moderation entsprechen. Die Anzahl der zu vergebenden Punkte orientiert sich an der Zahl der Antworten und nicht an der Zahl der umzusetzenden Lösungen.

5.5 Einpunktabfrage

Sie haben mit der Zuruf-Frage, der Kartenabfrage und der Mehrpunkt-Abfrage drei bewährte Methoden der Moderation kennengelernt. Zu dem vollständigen Kleeblatt dieser Klassiker gehört auch die Einpunktabfrage. Sie ist immer dann angebracht, wenn die Einschätzung der Teilnehmer zu einem bestimmten Thema schnell und einfach transparent gemacht werden soll. Die Frage kann sich sowohl auf die **Sachebene** als auch auf die **Beziehungsebene** beziehen. Dargestellt werden können Einpunkt-Abfragen beispielsweise auf einer Skala, in einem Koordinatensystem oder in einer

Bewertungstabelle. Die Teilnehmer kleben ihren Punkt und geben dadurch ihre Bewertung oder Einschätzung ab. Durch die grafische Unterstützung wird das Ergebnis sofort für alle sichtbar.

Die Einpunkt-Abfrage	
Beispielfragen: Einpunkt-Abfragen auf der Sachebene	*Wie gut fühlen Sie sich über das Thema informiert?* Darstellungsmöglichkeit: Skala von »gar nicht« bis »umfassend« *Wie bewerten Sie den Kundennutzen unseres neuen Produktes XY?* Darstellungsmöglichkeit: Koordinatensystem mit den beiden Achsen »Funktionalität« und »Bedienerfreundlichkeit«
Beispiel: Einpunkt-Abfragen auf der Beziehungsebene	*Wie bewerten Sie die Stimmung hier im Team?* Darstellungsmöglichkeit: Skala mit lachendem Smiley und traurigem Smiley *Wie groß ist das Verständnis füreinander bei Ihnen in der Abteilung?* Darstellungsmöglichkeit: Bewertungstabelle in fünf Einheiten von ++ bis --
... ist immer dann geeignet, wenn	... Transparenz auf der Sach- oder Beziehungsebene gefordert ist (dies kann am Anfang, während oder am Schluss der Moderation sein)
Vorgehensweise	Die Frage wird gemeinsam mit der Darstellungsform (beispielsweise Skala, Bewertungstabelle oder Koordinatensystem) visualisiert. Die Teilnehmer erhalten einen Klebepunkt und geben durch das Kleben ihre Einschätzung/Bewertung ab. Das Ergebnis wird besprochen.
Die Arbeit mit der Einpunkt-Abfrage bringt folgende Vorteile	Schnelle Transparenz. Sowohl für Sach- als auch für Beziehungsthemen geeignet. Methode muss nicht lange vorbereitet werden und kann bei Bedarf während der Moderation genutzt werden.
Folgendes ist unbedingt zu beachten	Negative Bewertungen sind möglich und sollten vom Moderator wertschätzend und souverän behandelt werden.

6.
Kreative Interventionen gezielt einsetzen

6.1 Mehr als nur gesponnen – damit Kreativität auch funktioniert

Sprach man früher von den Kreativen, so hatte man einen bestimmten Typus Mensch vor Augen. Schwarz gekleidet mit blank poliertem Haupt oder Pferdeschwanz. Zuhause in den Topetagen sogenannter Kreativitätsschmieden oder kauzig und schräg – eher irgendwo in der Abgeschiedenheit zu finden. Eben die typischen Werber oder Künstler. Ihre Kreativität wurde ihrer ureigensten Persönlichkeit zugeschrieben und man sah es ihnen nach, dass sie mit Zahlen, Daten, Fakten in keinster Weise etwas anfangen konnten.

Dieses Bild der wenigen kreativen Individuen passt so gar nicht zu den Forderungen der Zukunftsforscher, wie sie schon im ersten Kapitel dieses Buches ausgeführt wurden. Denn diese sehen uns »an der Schwelle zu einem Zeitalter, in dem Ökonomie und wirtschaftliches Wachstum primär auf Wissen und Kreativität basieren.« Sie erinnern sich – der Solution Worker soll sich dadurch auszeichnen, dass er sich Wissen nicht nur aneignet, sondern vor allem nach kreativen Lösungsansätzen sucht. Kreativität wird also nicht für besondere Typen oder Anlässe aufgespart, sondern soll generell das Arbeiten der Zukunft prägen.

Bei dieser Aufgabe kann die Moderation eine wertvolle und entscheidende Schlüsselrolle einnehmen! Denn das Vernetzen und gemeinsame Weiterentwickeln der Gedanken bereitet den Weg für kreative und neue Lösungsansätze.

Und gerade das »neu« spielt hierbei die entscheidende Rolle. Denn eines ist auch klar – für Routineaufgaben brauchen wir weder gesteigerte Kreativität noch eine ausgefeilte Moderation. Doch wenn Sie dieses Buch zur Hand genommen haben und es bis hierher geschafft haben, kann ich mir beim besten Willen nicht vorstellen, dass Ihr Alltag aus Routineaufgaben besteht! Ich gehe also eher davon aus, dass Sie immer mal wieder vor der Herausforderung stehen, sich und Ihr Team, Ihre Kollegen, Mitarbeiter oder Vereinsmitglieder zu Kreativität zu inspirieren, um dadurch neue und tragfähige Lösungen zu entwickeln.

Der Anspruch des Neuen geht übrigens bereits aus dem Begriffsursprung hervor: »creare« steht im Lateinischen für »erschaffen, hervorbringen«.

Wenn Sie Ihre Teilnehmer zu kreativen Leistungen inspirieren möchten, dann ist es wichtig, die Einflussfaktoren auf die Kreativität zu kennen und sie zu beachten.

Einflussfaktoren auf die Kreativität Ihrer Teilnehmer

Es gibt drei Voraussetzungen, die bei jeder erfolgreichen kreativen Leistung erfüllt sein müssen (Schlicksupp 1999: 18):

- Sich mit etwas auseinandersetzen **wollen,**
- sich damit beschäftigen **dürfen,**
- das dazu notwendige **Können** besitzen.

Einflussfaktoren auf diese drei Voraussetzungen Wollen, Dürfen und Können haben ihren Ursprung im Umfeld einer Person oder in der Person selbst.

Die in der Person begründeten Ursachen sind für uns als Moderatoren nicht beeinflussbar. Hier sind beispielsweise persönliche Versagensängste, anerzogene Werte und innere Überzeugungen gemeint. Wir können aber sehr wohl auf die Einflussfaktoren, die das Umfeld betreffen, einwirken! Und das ist mehr als eine Option. Das ist unsere Verantwortung!

Wenn Sie diese Einflussfaktoren anschauen, dann finden Sie hier durchweg Themen wieder, die Ihnen in diesem Buch alle schon begegnet sind. Ob Sie jetzt an die Haltung und das Selbstverständnis des Moderators denken (Faktor Wollen und Dürfen), an den Moderationscheck (Faktor Dürfen) oder an die sinnvolle Gruppenzusammenstellung (Faktor Können). Auf diese Basis können Sie wunderbar bauen! Nutzen Sie diese Voraussetzungen, um in und durch Ihre Moderationen Kreativität entstehen zu lassen!

Beispiele für positive Einflussfaktoren auf		
das Wollen:	**das Dürfen:**	**das Können:**
Die Teilnehmer haben Lust auf die gemeinsame Arbeit, denn sie ...	Die Teilnehmer trauen sich, sich einzubringen und wissen, dass ihre Mitarbeit auch wirklich gefragt ist, denn sie ...	Die Teilnehmer sind in der Lage, tatsächlich etwas Produktives beizutragen, denn sie ...
... bekommen die Sinnhaftigkeit vermittelt und können sie nachvollziehen ... erfahren Anerkennung für ihre Arbeit ... erleben eine angenehme Stimmung im Team	... kennen die Rahmenbedingungen der Moderation und können in diesem Rahmen auch Einfluss nehmen ... erleben eine offene, vertrauensvolle Atmosphäre ... brauchen keine Angst haben, sich zu blamieren ... dürfen anders sein und unkonventionelle Beiträge leisten	... verfügen über alle nötigen Informationen und Kompetenzen ... können bei ihrer Arbeit auf benötigte Materialien zurückgreifen ... haben genügend Zeit

Doch kann man Kreativität abrufen?

Kennen Sie das? Die besten Ideen hat man unter der Dusche oder auf der Toilette! Wobei – ich kann da noch eine andere Variante anbieten:

Am 3. September 2011 war ich gemeinsam mit meinem Mann und meinen Söhnen beim Bergwandern. Es war für die Jahreszeit viel zu heiß. Darüber hinaus war die gewählte Tour wesentlich anspruchsvoller als erwartet. Und während unser großer Sohn mit jugendlichem Elan vorausging und mein Mann unseren jüngeren Sohn motivierte, war ich so ganz mit mir, der Sonne und dem Berg beschäftigt. Und ich hatte Zeit und Muße, meine Gedanken schweifen zu lassen. Und während ich tapfer einen Fuß vor den anderen setzte, formten sich diese Gedanken immer detaillierter. Am Ende kristallisierte sich die konkrete Idee heraus, die Erkenntnisse, die ich aus meinen systemischen Ausbildungen gewonnen hatte und in der Praxis auch entsprechend einsetzte, mit dem Wissen und der Erfahrungen meiner Tätigkeit als Moderatorin zu verbinden und hieraus eine ganz neue Ausbildung zu entwickeln. Das war die Geburtsstunde der Akademie für Systemische Moderation. Bereits im März 2012 ging die erste Ausbildung zum systemischen Moderator an den Start. Was für eine Wanderung!

Für mich war das eine einzigartige Erkenntnis! Was alles entstehen kann, obwohl – oder gerade weil – man gar nicht aktiv daran arbeitet.

Sich allerdings auf unverhoffte Geistesblitze zu verlassen reicht bei Weitem nicht aus, um dem Anspruch der heutigen Arbeitswelt gerecht zu werden. Der Solution Worker von morgen soll sich nicht nur durch Wissen, sondern in besonderem Maße auch durch Kreativität auszeichnen. Permanente Kreativität wohlgemerkt.

Doch ist das tatsächlich möglich? Das ist es in der Tat!

»So, wie sich jeder einen Waschbrettbauch antrainieren kann, so kann auch jeder seine Fantasie weiterentwickeln.«

Florian Henckel von Donnersmarck (*1973), oskarprämierter Regisseur

Imke Keicher und Kirsten Brühl sprechen hier von der fokussierten Kreativität, der Kreativität auf Knopfdruck (Keicher/Bühl 2008: 84). Die zuvor beschriebenen Faktoren **Wollen**, **Dürfen**, **Können** bilden gemeinsam die Grundvoraussetzung für das Entstehen von Kreativität. Und doch reicht das alleine noch nicht aus. Kreativität braucht darüber hinaus einen Rahmen, ein Ziel und eine Struktur, sonst kann sie nichts erschaffen.

Und auch hierfür steht meine Geschichte. Denn sie enthält noch eine zweite Botschaft: Die zündende Idee ist das eine. Man muss die sprichwörtlichen PS aber auch auf die Straße bekommen. Dranbleiben, planen, umsetzen. Und genau das ist gerade auch in der Moderation erfolgsentscheidend.

Um die Kreativität wirkungsvoll und nachhaltig in den Arbeitsalltag zu integrieren, unterstützen neben den Grundvoraussetzungen folgende drei Kreativitätsregeln (Keicher/Bühl 2008: 85):

Kreativitätsregel 1: Fremdes befruchtet das eigene Denken
Kreativitätsregel 2: Kreativität braucht Spannung und Entspannung
Kreativitätsregel 3: Kreativität ist Einstellungssache

Kreativitätsregel 1: Fremdes befruchtet das eigene Denken

In Unternehmen ist häufig dasselbe Phänomen zu beobachten. Die Mitarbeiter ähneln sich! Sie verhalten sich, wie man sich »hier« eben so verhält, und auch der Kleidungsstil ist unverkennbar. Und bestimmt haben Sie selbst den Satz: »Sie passen gut zu uns!« schon häufig gehört und auch selbst gesagt. Und es ist ja durchaus nachvollziehbar! Gleich und Gleich gesellt sich gern. Wir umgeben uns auch privat immer wieder mit Menschen, die uns ähnlich sind. Da versteht man sich, hat dieselben Interessen und einen ähnlichen Geschmack. Und so verlaufen die gemeinsamen

Aktivitäten auch meist harmonisch. Es ist also alles in bester Ordnung. Vielleicht haben Sie aber auch Freunde und Bekannte, die einmal aus der Reihe tanzen. Wenn man hier einen gemeinsamen Abend verbringt, braucht es schon ein wenig mehr Toleranz. Und möglicherweise haben Sie ja auch schon innerlich geschmunzelt oder den Kopf geschüttelt: »Mein Gott, wie sind denn die drauf?« Doch wenn ich Sie nun frage, an welchen Abenden Sie die meisten neuen Inspirationen erhalten haben, so vermute ich stark, dass Sie mir genau diese Treffen nennen werden! Denn fremdes Denken befruchtet das eigene Denken!

Unternehmen, die dem Anspruch der Kreativität als Zukunftskompetenz gerecht werden möchten, tun gut daran, Vielfalt zu fördern. Und das gilt für jeden Bereich im Unternehmen. Und weiter heruntergebrochen für jede Abteilung und jedes Team, das gemeinsam zu kreativen Lösungen gelangen soll. Achten Sie, wenn Sie die Möglichkeit haben, bei der Zusammensetzung Ihrer Moderationsteilnehmer auf eine bunte, vielfältige Gruppe. Das ist die beste Voraussetzung für kreatives Arbeiten.

Ich habe vor einiger Zeit einen Marketingworkshop moderiert. Ein erfolgreiches Unternehmen der Konsumgüterindustrie hatte sich zwei Tage Zeit genommen, um mit meiner Unterstützung und unter Anwendung zahlreicher kreativer Tools neue und zukunftsweisende Vertriebs- und Kommunikationskanäle zu identifizieren und passende Marketingaktivitäten zu entwickeln. Und das Besondere: Die Verantwortlichen hatten neben den eigenen internen Mitarbeitern aus verschiedenen Fachbereichen gleich von vornherein auch Sparringspartner von extern eingeladen. Wohlgemerkt nicht als inputgebende Fachexperten, sondern als aktive Teilnehmer, die durch ihre externe Sicht Inspiration und neue Perspektiven in die kreativen Prozesse bringen sollten und auch gebracht haben.

Ja, es braucht schon etwas Mut, sich auf Neues und Unbekanntes einzulassen. Aber die Ergebnisse sprechen für sich!

Probieren Sie es doch einfach einmal aus! Es ist zwar ungewöhnlich, aber definitiv leichter, als Sie es sich möglicherweise vorstellen. Denn um sich von fremdem Denken inspirieren zu lassen, muss man gar nicht bis vor das Werkstor gehen. Mitarbeiter aus anderen Fachbereichen, Werksstudenten, Azubis … Es gibt zahlreiche Möglichkeiten.

»Ach – und das soll dann noch agil sein. Da braucht es doch langfristige Planung! Ich kann ja nicht einfach in eine fremde Abteilung hereinspazieren und mir mal kurzerhand die Mitarbeiter abgreifen …«. Das stimmt schon. Aber geben Sie nicht zu schnell auf. Denn bei Werksstudenten, Azubis und Praktikanten kann es möglicherweise selbst kurzfristig funktionieren. Und es geht immer auch anders. Größere Workshops haben nach wie vor eine längere Vorlaufzeit. Und hier lohnt sich der Versuch!

Kreative Impulse für ein Meeting lassen sich übrigens auch außerhalb des Meetings holen. Vereinbaren Sie beispielsweise, dass sich Ihre Teammitglieder bis zum nächsten Termin über eine zu bearbeitende Frage mit »fachfremden« Kollegen austauschen. Zum Beispiel beim Mittagessen in der Kantine oder bei einer Tasse Kaffee zwischendurch. Sie werden garantiert mit ganz neuen Perspektiven und Ansätzen zum nächsten Treffen erscheinen.

Erinnern Sie sich? Sie erwarten von Ihren Teilnehmern Kreativität und neue Lösungsansätze. Dann sollten auch Sie vor neuen Wegen auf dem Weg dorthin nicht haltmachen. Denken Sie an Henry Ford und tun Sie eben nicht das, was Sie immer getan haben.

Kreativitätsregel 2: Kreativität braucht Spannung und Entspannung

Wer als Moderator wertschätzend und empathisch mit seinen Teilnehmern umgeht, der braucht auch keine Angst vor Spannungen zu haben. Denn diese bleiben nicht aus. Gerade wenn vielfältige Meinungen und Sichtweisen aufeinandertreffen. Und deshalb geht es gar nicht darum, Spannung zu vermeiden, sondern vielmehr darum, sie zu integrieren und einen Blick hinter die Fassade zu werfen! Möglicherweise werden dadurch wertvolle Hinweise, offene Fragen und zu lösende Aufgaben deutlich.

Schwierig wird es allerdings, wenn die Spannung dauerhaft die Oberhand behält. Die Kreativität lebt von einer guten Balance zwischen Spannung und Entspannung. Wer Höchstleistungen bringt, der muss auch mal locker lassen. Für einen guten kreativen Prozess lautet die Empfehlung der Experten übrigens: viel Schlaf! Denn während wir schlafen, wird tagsüber Gelerntes im Langzeitspeicher abgelegt. Dort wird es darüber hinaus aber auch neu organisiert und liefert dadurch neue Einsichten (Born/Kraft 2004: 44).

Für die Moderation ergeben sich daraus zwei wertvolle Botschaften, erstens: Nutzen Sie die Balance zwischen Spannung und Entspannung während des Meetings oder Workshops und zweitens: Setzen Sie bewusst auf die (Schlaf-)Pausen nach dem Workshop und führen Sie Ihr Treffen am nächsten oder übernächsten Tag fort.

Sorgen Sie für Entspannungszeiten während der Moderation

Das Extremste, was ich einmal erlebt habe, war eine Moderation, die vor Ort im Unternehmen stattfand. Der Besprechungsraum war auf demselben Flur wie die Büros der Teilnehmer. Ich hatte mich noch gewundert, warum die Teilnehmer so lange nicht von der Toilette zurückkamen. Und irgendwann wurde mir dann klar, dass sie die Pause nutzten, um kurz an ihre Rechner zurückzukehren. Scheren Sie bewusst aus dieser Nähe aus und nutzen Sie beispielsweise den Besprechungsraum im anderen Gebäudetrakt. Eine Pause, in der auch einmal Privatgespräche sein dürfen, ein kleiner Imbiss und vielleicht noch ein kurzer Spaziergang wirken sich positiv auf die Energie und die Stimmung Ihrer Teilnehmer aus. Klar weiß ich auch, dass es wichtige Mails gibt (manchmal erwarte ich ja selbst welche). Dann etablieren Sie eine bewusste, aber begrenzte Mail-Check-Zeit.

Planen Sie eine thematische Abstandsphase bewusst ein!

Kennen Sie das auch? Im Nachgang eines Meetings fallen sie Ihnen auf einmal wie Schuppen von den Augen, die zündenden Ideen, und Sie fragen sich: »Warum ist mir das nicht früher eingefallen?«

Dies allerdings wäre gar nicht so leicht möglich gewesen! Wie Studien der beiden US-Neurologen John Kounios und Mark Beemann verdeutlichen, gehen dem ersehnten Aha-Erlebnis mehrere Schritte voraus (Kounios/Beeman 2015: 32).

- Im ersten Schritt steht die Aufgabenstellung, also das **Problem** im Fokus.
- Beim Versuch, dieses Problem zu lösen, landet man nicht selten in einer **Sackgasse.**
- Der Weg aus der Sackgasse führt über die **Ablenkung.**
- Und in dieser werden wir dann von der ersehnten **Erleuchtung** überrascht. Entstanden ist diese in unserem **Unterbewusstsein.**

Wenn Sie also auf der Suche nach innovativen Ideen und kniffeligen Lösungen sind, machen Sie die Ablenkung zum Programm und beziehen Sie den thematischen Abstand Ihrer Teilnehmer ganz bewusst in den Lösungsfindungsprozess ein.

Ideal ist hierzu ein zeitnahes Folgemeeting. Doch selbst auf kleiner Flamme lässt sich die Chance des thematischen Abstands nutzen: Greifen Sie nach internen Besprechungen beispielsweise in einem Blitzmeeting in der Kaffeeküche oder in einer kurzen Telefonkonferenz noch einmal die angesprochenen Themen auf und lassen Sie sich überraschen, welche neuen Erkenntnisse mit etwas Abstand entstanden sind.

Kreativitätsregel 3: Kreativität ist Einstellungssache

»Ich bin nicht kreativ!« Wie oft habe ich diesen Satz schon gehört! So ein Quatsch! Und im nächsten Moment zaubert diese Spezies aus einem quasi leeren Kühlschrank ein superleckeres Essen. Aber nein – kreativ sind sie nicht. Viele Menschen tragen diesen Satz wie ein Schutzschild vor sich her. Dabei stimmt das so definitiv nicht. Aber warum soll ich mich mit diesen Menschen streiten, wenn man die Energie doch für soviel Wichtigeres nutzen kann? Und genau hier lohnt es sich, anzusetzen.

Wir sprechen nicht von Kreativität – wir sind kreativ

In meinen Workshops spreche ich nahezu gar nicht von Kreativität. Ich nutze sie einfach. Denn sobald ich diese Begrifflichkeit in den Raum stelle, so weichen die Menschen eher zurück, als dass Sie sich darauf stürzen. Also lasse ich es einfach sein. Und dennoch arbeite ich mit kreativen Interventionen oder ich reichere klassische Moderationsmethoden kreativ an. Am Ende zählt, dass sich die Teilnehmer gut aufgehoben fühlen und mit ihrem Ergebnis einen entscheidenden Schritt weitergekommen sind. Wen interessiert da schon, dass ich sie auf dem Weg dorthin mit einer kreativen Intervention unterstützt habe. Doch ob nun thematisiert oder nicht, die Basis für kreatives Arbeiten muss stimmen!

Der Moderator gestaltet das Umfeld der Zusammenarbeit

Wir können in unserer Rolle als Moderator eine Atmosphäre gestalten, in der es unseren Teilnehmern leicht(er) fällt, kreativ sein zu **wollen**, zu **dürfen** und zu **können**. Und auch, wenn jeder Teilnehmer seine eigene Überzeugung zu seinen kreativen Fähigkeiten mit sich bringt, so wirkt dieses Umfeld unmittelbar auf die Person und die Einstellung eines jeden Einzelnen!

Ich möchte Ihnen nachfolgend einige bewährte Kreativitätstechniken vorstellen. Diese können Sie ganz wunderbar in kleinere oder größere Moderationssequenzen integrieren.

6.2 Auf den Spuren von Walt Disney

Ich gebe zu, ich bin durch und durch Optimist. Und ich oute mich in diesem Zuge auch gleich, dass mich Menschen, die ihren Blick zielsicher auf das Negative richten, mitunter ziemlich herausfordern. Aber positiv zu denken heißt nicht, alles nur durch die rosarote Brille zu sehen. Gerade als begeisterte Wanderin ist mir der kritische und hinterfragende Blick sehr vertraut. Es will schon gut überlegt sein, ob man sich – euphorisch inspiriert vom erklommenen Gipfel und vom strahlenden Sonnenschein – noch auf eine spontane Erweiterung der Bergtour einlässt oder nicht. Hier gilt es, ganz klar auch die kritischen Rahmenbedingungen wie Wetter, Zeit und Wegstrecke in seine Gedanken einzubeziehen und die weitere Vorgehensweise dann konkret und realistisch zu planen. Um konstruktiv zum Ziel zu kommen, braucht es also nicht nur eine, sondern gleich drei Sichtweisen. Man könnte auch sagen drei Rollen:

- Träumer
- Kritiker
- Planer

Mit genau dieser Strategie hat Walt Disney gearbeitet!

Die auf Robert B. Dilts zurückgehende Walt-Disney-Methode gehört zu den bekanntesten Kreativitätstechniken. Sie eignet sich insbesondere dann, wenn es darum geht, Ziele und Vorhaben zu konkretisieren und umzusetzen.

» ... there were actually three different Walts: the dreamer, the realist, and the spoiler (... tatsächlich gab es drei Walts: den Träumer, den Realisten und den Miesepeter).«

Robert B. Dilts (*1955), Autor, Trainer und Berater
im Bereich des neuro-linguistischen Programmierens (NLP)

Das Erfolgsgeheimnis liegt darin, alle drei Rollen zu **separieren** und dann in die Lösungsfindung zu **integrieren**.

Durch diese Trennung entsteht Klarheit. In unserem Kopf spuken ansonsten alle Facetten wild durcheinander und verhindern das klare Denken und den kühlen Kopf.

Gerade wenn man in der Moderation mit Gruppen arbeitet, werden die unterschiedlichen Rollenaffinitäten meist schon innerhalb der Teilnehmer abgebildet: Da gibt es einerseits die Visionäre, die die tollsten Ideen haben, sich aber in der Umsetzung schwertun. Dann die umsetzungsstarken Planer, die hervorragend in der Bearbeitung und Umsetzung sind, aber selten durch eigene zündende Ideen auffallen. Und natürlich gibt es immer einen, der etwas dagegen hat! Haben Sie nun alle drei Charaktere in einem Raum, dann verspricht die Diskussion lebhaft zu werden. Aber meist eben auch endlos, was – wie wir alle wissen – zu nichts führt.

Wenn wir nicht eingreifen, prägt das Konglomerat dieser drei Rollen den Verlauf jedes Meetings und jeder Sitzung.

Die Krux dabei ist, dass für ein gutes Gesamtergebnis alle drei Rollen wichtig sind. Das sieht man aber nur, wenn man von außen darauf schaut. In der Situation selbst sieht jeder Träumer, jeder Planer und jeder Kritiker die Welt nur aus seinem Blickwinkel.

Die Separierung ist der erste Schritt
Walt Disney hatte für alle drei Rollen jeweils einen eigenen – passend eingerichteten – Raum. Die gedankliche Trennung wurde also durch die räumliche Trennung unterstützt. Er wählte hierbei folgende Reihenfolge:

1. Träumer
Freies Spinnen ist hier Programm: Kritik in jeglicher Form ist nicht erlaubt.

2. Realist
Von einem pragmatischen Standpunkt aus wird der Plan für die Realisierung erarbeitet.

3. Kritiker
Schaut konstruktiv-kritisch auf die Arbeit von Träumer und Realist und identifiziert Fallen und Stolpersteine.

Im Moderationsalltag weiche ich persönlich von der vorgegebenen Reihenfolge – wie sie vor allen Dingen im Einzelcoaching Sinn macht – ab. Ich nehme den konstruktiven Kritiker an die 2. Stelle und gehe dann mit dem Realisten in die Planungsphase über. Würde ich den Kritiker an den Schluss setzen, wäre häufig noch einmal ein weiterer Planungsschritt des Realisten von Nöten.

Meist stehen uns – im Gegensatz zu Walt Disney – keine drei separaten Räume zur Verfügung. Dennoch empfiehlt es sich, das Setting zu ändern. Hierzu bietet nahezu jeder Raum gewisse Möglichkeiten. Ob man in unterschiedlichen Ecken arbeitet, einmal im Sitzen, einmal im Stehen, die Terrasse oder die Kaffee-Ecke einbezieht – ich bin sicher, es fallen Ihnen hierzu viele Variationsmöglichkeiten ein.

Hier noch einmal auf einen Blick – die Walt-Disney-Methode in der Ausprägung, wie ich persönlich sie in Moderationen nutze:

... ist immer dann geeignet, wenn	... Ziele und Visionen konkretisiert und in die Umsetzungsphase gebracht werden sollen.
Vorgehensweise	Visualisierung der Themenstellung beziehungsweise des Ziels.
	Die Teilnehmer arbeiten zunächst im **Raum des Träumers**. Der Moderator lädt dazu ein, die Vision im Sinne der Frage: »Was wäre wünschenswert?« zu skizzieren. Es wird dabei betont, dass in diesem Raum das freie Spinnen Programm ist. Mögliche Kritikpunkte werden in diesem Schritt nicht thematisiert.
	Beiträge werden vom Moderator oder von den Teilnehmern aufgeschrieben (zum Beispiel auf Kärtchen einer bestimmten Farbe).
	Nach Beendigung der Arbeitsphase wird der Raum beziehungsweise Arbeitsplatz gewechselt.
	Die Teilnehmer arbeiten dann im **Raum des Kritikers**. Basis hierfür sind die Ergebnisse der Träumer-Phase. Nun wird die Sicht des konstruktiven und wohlwollenden Kritikers eingenommen. Hilfreiche Fragen können sein: »Welche Hindernisse sehen Sie?«, »Welche Risiken gilt es, zu bedenken?«
	Beiträge werden vom Moderator oder von den Teilnehmern aufgeschrieben (zum Beispiel auf Kärtchen einer anderen Farbe).
	Nach Beendigung der Arbeitsphase wird der Raum beziehungsweise Arbeitsplatz gewechselt.
	Die Teilnehmer arbeiten zuletzt im **Raum des Realisten** beziehungsweise Planers. Basis hierfür sind die Ergebnisse der Träumer-Phase und der Kritiker-Phase. Hilfreiche Fragen könnten sein: »Welche Arbeitsschritte sind nötig?«, »Wen müssen wir hierfür ins Boot holen?«
	Beiträge werden vom Moderator oder von den Teilnehmern aufgeschrieben (zum Beispiel auf Kärtchen einer anderen Farbe).
	Nach Beendigung der Arbeitsphase wird der Raum beziehungsweise Arbeitsplatz gewechselt.
	Gegebenenfalls Priorisierung der Ideen und Weiterbearbeitung bis hin zum Maßnahmenplan.

Die Arbeit mit der Walt-Disney-Methode bringt folgende Vorteile	Ziele und Vorhaben werden aus drei Perspektiven – und damit auch gründlich – betrachtet.
	Vermeintlich verrückte Ideen werden nicht sofort im Keim erstickt.
	Kritisch denkende Menschen sind nicht »die Spielverderber«, sondern leisten im Raum des Kritikers einen geforderten Beitrag.
Folgendes ist unbedingt zu beachten:	Teilnehmer brauchen Disziplin, um in der jeweiligen Rolle zu bleiben.
	Recht zeitintensiv.

6.3 Mit der Reizwortanalyse zu neuen Ideen

Manchmal hat man einfach das Gefühl, der Kopf sei leer. Man grübelt und überlegt und grübelt weiter und überlegt noch einmal, doch nichts passiert. Eben das typische Schmoren im eigenen Saft! Und dann gibt es wieder die ganz anderen Momente: Durch zufällige Beobachtungen entstehen fantastische Ideen. Prominente Beispiele hierfür gibt es wahrlich genug. Ob wir dabei an die selbstklebenden und wieder ablösbaren Notizzettel denken, die mit genau dieser Eigenschaft nie erfunden wurden (gesucht war ein Superkleber, der stärker als alle bislang erhältlichen Klebstoffe sein sollte) oder an weitere bekannte Erfindungen wie Frottee, Teflon oder der Kugelschreiber. Immer war hier der Zufall Teil der Idee.

Ist das nun eine gute oder eine schlechte Nachricht? Schließlich sind wir immer noch bei der fokussierten Kreativität – der Kreativität auf Knopfdruck. Wie wollen wir den Zufall auf Knopfdruck aktivieren?

Sicherlich nicht, indem wir die Hände in den Schoß legen und warten, dass uns der Zufall eine zündende Idee vor die Füße legt. Wir nutzen im Rahmen der Kreativitätstechnik vielmehr Methoden, bei denen wir ganz bewusst und aktiv mit dem Zufall arbeiten.

Eine solche Methode ist die Reizwortanalyse (Schlicksupp 1999: 54). Bei dieser Kreativitätstechnik helfen willkürliche Zufallsbegriffe, sogenannte Reizworte, unseren Gedanken auf die Sprünge. Wir lassen für kurze Zeit unsere ursprüngliche Aufgabenstellung außen vor und fokussieren uns auf die Zufallsbegriffe mitsamt ihren Eigenschaften, Besonderheiten und Funktionen. In einem zweiten Schritt werden die Beschreibungen zu diesen Begrifflichkeiten dann in Verbindung zur eigentlichen Aufgabenstellung gesetzt.

Auf diese Weise werden die gewohnten Gedankengänge zu einem Thema verlassen. Neue und ungewöhnliche Ideen können entstehen.

Bei der Auswahl der Reizworte ist darauf zu achten, dass es sich hierbei um allgemein bekannte, gegenständliche Begriffe handelt, die mit der Aufgabenstellung absolut nichts zu tun haben.

Die Reizwort-Analyse	
... ist immer dann geeignet, wenn	... neue, ungewöhnliche Lösungen gefragt sind. ... Ideenfindungsprozesse festgefahren sind.
Vorgehensweise	Visualisierung der Fragestellung.
	Es werden mehrere Reizworte bereitgestellt, zum Beispiel Kindermemory mit abgebildeten Gegenständen, vorbereitete Kärtchen mit Reizworten (Text oder Bild). Sind bei spontanen Moderationssituationen keine vorbereiteten Reizworte vorhanden, so kann man Zufallsbegriffe abfragen, beispielsweise: »Welchen Gegenstand haben Sie heute zu Hause schon in Verwendung gehabt?« Hier dürfte einiges kommen, vom Radiowecker über den Fön bis hin zur Brotschneidemaschine.
	Ziehen von mehreren Reizworten (zwei bis fünf). Bitte achten Sie hierbei darauf, dass die Kärtchen nicht ausgewählt werden. Das Ziehen entfällt bei der Spontannennung der Reizworte. Hier sollte man darauf achten, dass die Begriffe unterschiedlich sind (Kaffeetasse und Teetasse wären definitiv zu ähnlich).

	Analyse des ersten Reizwortes (besondere Merkmale, Funktion, Eigenschaften, Nutzen, Form, Farbe, Art der Anwendung, ...).
	Die Ergebnisse werden untereinander in die linke Spalte einer zweispaltigen Tabelle geschrieben. Zwischen den Ergebnissen sollte etwas Abstand gelassen werden.
	Rückkopplung der Reizwort-Ergebnisse in die ursprüngliche Aufgabenstellung. Welche Ideen für mein eigentliches Thema ergeben sich aus den Beschreibungen zum Reizwort?
	Wiederholung dieser Schritte für die anderen Reizworte.
	Die gesammelten Ideen werden dann geclustert, priorisiert und weiterbearbeitet.
Die Arbeit mit der Reizwortanalyse bringt folgende Vorteile:	Festgefahrene Ideenfindungsprozesse erhalten neuen Schwung und ganz andere Denkansätze. Es entstehen ganz neue Gedankengänge.
Folgendes ist unbedingt zu beachten:	Es braucht eine gute Anmoderation und Abholung der Teilnehmer, da man sich doch einige Zeit mit Themen beschäftigt, die so gar nichts mit der eigentlichen Fragestellung zu tun haben.

Beispiel:

Ein Spielwarenfachgeschäft sucht nach Marketingideen, um sich vom Versandhandel abzuheben und die kleinen und großen Kunden immer wieder aufs Neue zu begeistern. Die Mitarbeiter arbeiten gemeinsam in der Teamsitzung mit der Reizwortanalyse. Es werden die Begriffe »Armbanduhr« und »Schnellkochtopf« gezogen.

Analyse »Armbanduhr«	Abgeleitete Ideen
Geschenk zu besonderen Anlässen	Kinder erhalten zu ihren besonderen Anlässen (Geburtstag, 1. Kindergartentag, Schulanfang, Erstkommunion, Geburtstag, Konfirmation, ...) ein Geschenk.
Unterschiedlich für Männer, Frauen und Kinder	Es gibt Mädchen- und Jungen-Abteilungen
Erinnerungsstück	Erinnerungsfoto vom Spielzeugeinkauf
Erbstück	???
Zeitmesser	Kinder können Zeit verbringen (Spielecke) und werden zur vereinbarten Zeit nach Hause geschickt oder Eltern erhalten Piepser
Statussymbol	Goldkarte mit exklusiven Vorteilen für Stammkunden

Analyse »Schnellkochtopf«	Abgeleitete Ideen
Gerichte sind schnell fertig	Damit der Einkauf für Geschenke schneller fertig ist, können Bestellungen direkt per Mail oder Telefon durchgegeben werden. Päckchen stehen hübsch verpackt zur Abholung bereit. Für Unentschlossene wird eine Vorauswahl bereitgestellt.
Gibt es in mehreren Größen	Aufteilung der Warenpräsentation nach Alter, damit man sich schneller zurechtfindet.
Man verwendet den Markennamen als Synonym	???
Kindheitserinnerung	Kaffee-Ecke für Eltern – weckt durch Einrichtung und Deko Kindheitserinnerungen

Ausstellung mit Spielzeugen aus der Generation der Eltern und Großeltern |

Ich selbst war viele Jahre lang im Ehrenamt aktiv. Gerade in diesen Kontexten sind lange Sitzungen an der Tagesordnung. Und leider ist hier die Nutzung von Materialien überhaupt nicht verbreitet. Es wird also geredet und diskutiert. Keine Frage, dass es wichtig ist, miteinander zu sprechen. Aber nicht selten dreht sich die Diskussion im Kreis. Und es muss einen Grund haben, dass Sie dieses Buch in Händen halten. Der Untertitel ist so groß geschrieben, dass Sie ihn nicht übersehen haben können: »Konkrete Ergebnisse statt endloser Diskussion.« Sie wollen also genau das vermeiden. Dann werden Sie bestimmt gerne diesen Traum träumen:

Stellen Sie sich einmal vor, wir befinden uns nach wie vor im Ehrenamtskontext. Aber bei dieser Sitzung würde etwas ganz Ungewöhnliches passieren: Auf der Suche nach kreativen Ideen zur Aktivierung neuer Mitglieder oder Planung eines Jubiläums würde man aus dem bekannten Setting einfach einmal ausscheren! Das dreißigköpfige Gremium würde sich für eine kurze Arbeitsphase in fünfzehn Zweierteams zusammenfinden. Und jedes Team würde parallel mit einem Reizwort arbeiten. Sagen wir zehn Minuten lang für die Beschreibung des Gegenstands und weitere zwanzig Minuten für die Übertragung der Ideen. Und wenn wir jetzt ganz pessimistisch annehmen, dass bei jedem Team nur eine einzige brauchbare Idee herauskommen würde – wissen Sie, was das hieße? Sie hätten in gerade einmal dreißig Minuten fünfzehn neue Ideen entwickelt. Gar nicht auszudenken, wenn eine Gruppe sogar mehrere Ideen hätte. Freilich müssten diese noch weiterentwickelt und hinsichtlich der möglichen Umsetzung geplant werden. Aber es wäre ein wahrer Ideenschatz als Ausgangspunkt vorhanden. Ich bitte Sie – wie cool wäre das denn?

Warum dieser Traum wahrscheinlich ein Traum bleiben wird, liegt auf der Hand: »Wir haben das schon immer so gemacht!« Stimmt. Dann wissen Sie aber auch schon jetzt, was rauskommt, denken Sie an Henry Ford. Und ohne Ihnen zu nahe treten zu wollen – wenn Sie das wollten, dann hätten Sie dieses Buch nicht in der Hand.

6.4 Ideal für assoziative Strukturen – das Mindmapping

Sie alle kennen Mindmapping und haben damit möglicherweise auch schon öfter gearbeitet. Und das möglicherweise gar nicht in dem Bewusstsein, dass es sich hierbei um eine Kreativitätstechnik handelt. Doch das ist es in der Tat:

Mindmap ist eine Kreativitätstechnik, die durch die Verbindung von sprachlichem mit bildhaftem Denken beide Gehirnhälften aktiviert. Dabei werden komplexe Informationen strukturiert und spielerisch neue Ideen generiert (Schlicksupp 1999: 36). Der besondere Nutzen dieser Methode liegt in der besonderen Darstellung, die es ermöglicht, selbst komplexe Sachverhalte übersichtlich abzubilden. Dabei werden einerseits die Gedanken geordnet und gleichzeitig entstehen – angeregt durch die Veranschaulichung – wertvolle Ideen, die direkt mit »eingeordnet« werden können.

Helmut Schlicksupp vergleicht den Aufbau einer Mindmap mit dem Querschnitt eines Baumes, von dessen Stamm Haupt- und Nebenäste ausgehen.

Im »Stamm« wird die Themen- oder Fragestellung markiert. Davon zweigen Hauptäste ab, auf denen sich auch die Hauptaspekte zu dieser Themenstellung wiederfinden. Diese verästeln sich weiter. Und auf diese feineren Äste werden die Unter- oder Konkretisierungspunkte zu den jeweiligen Hauptaspekten geschrieben.

Nun entwickeln sich unsere Gedanken aber nicht immer genau nacheinander, sondern mitunter wild durcheinander und auf einmal taucht wie aus dem Nichts eine neue Idee auf. Und genau hierin liegt einer der wesentlichen Vorteile des Mindmappings – Gedanken, die entstehen, müssen nicht warten, bis sie »dran sind«, sondern können direkt an die passende Stelle geschrieben werden! Sie werden nicht nur festgehalten, sondern befinden sich zudem auch gleich an der richtigen Position.

Gerade in Moderationen nutze ich diese Kreativitätstechnik sehr häufig und übrigens auch sehr gerne. Denn Mindmapping verbindet kreatives Potenzial mit Struktur und spricht deshalb auch so viele Teilnehmer an.

Darüber hinaus lässt sich Mindmapping sehr spontan einsetzen. Ob auf der Moderationswand, auf dem Whiteboard oder mit zwei zusammengeklebten Flipchart-Bögen auf dem Tisch, hinsichtlich des Materials ist man hierbei wunderbar flexibel.

Mindmapping	
... ist immer dann geeignet, wenn	... Ideen gesucht sind.
	... der Überblick über ein Thema fehlt.
	... komplexe Themen Struktur erfordern.
Vorgehensweise	Visualisierung der Fragestellung in der Mitte des Brown Papers oder Whiteboards.
	Teilnehmer arbeiten gemeinsam und schreiben ihre Gedanken als Haupt- oder Unterast auf die Mindmap.
	Je nach Themenstellung kann bereits die Übersicht das Ergebnis sein. Handelt es sich hingegen um eine Ideensammlung, dann werden die erarbeiteten Ideen priorisiert und weiterbearbeitet.
Die Arbeit mit der Mindmap bringt folgende Vorteile:	Sehr dynamisch und aktivierend. Struktur entsteht zeitgleich mit den Gedanken. Kreativitätstechnik, die Kreativität aktiviert, aber nicht zu verrückt daher kommt und somit auch für eher skeptische Teilnehmer hervorragend geeignet ist.
Folgendes ist unbedingt zu beachten:	Die bildhafte Darstellung sollte nicht zu falschen Schlüssen einladen. Durch die Anzahl der Punkte an den einzelnen Ästen kann noch keine Aussage zur Gewichtung gemacht werden.
	Es kann sich ein zunächst als Hauptpunkt eingetragenes Thema als Unterpunkt herausstellen. Dann sollte die Mindmap neu geschrieben werden.

6.5 Kreative Ideen in Rekordzeit – die 6-3-5-Methode

Die Kreativität auf Knopfdruck wird mit dieser Methode auf die Spitze getrieben! So ein wenig erinnert sie mich immer an meine Schulzeit, als wir in Pausen oder Vertretungsstunden mit größter Begeisterung Stadt, Land, Fluss gespielt haben: Jeder hatte ein in Spalten aufgeteiltes Blatt Papier vor sich, produzierte Ergebnisse gegen die tickende Uhr und hatte Spaß dabei!

Das war's dann allerdings auch schon mit den Gemeinsamkeiten. Denn entgegen dem Abfragen von Wissen beim Schülerspiel liegt der Fokus dieser zur Kategorie »Brainwriting« gehörenden Turbo-Methode auf der Entwicklung neuer Ideen. Kreativ inspiriert durch die Antworten der anderen Teilnehmer, die reihum weitergegeben werden.

Die drei Zahlen, die der bereits 1968 von Bernd Rohbach entwickelten Kreativitätstechnik ihren Namen geben, stehen für das Konzept der Methode.

Die 6-3-5-Methode:

6 Personen entwickeln jeweils
3 Ideen in
5 Minuten.

Vor jedem der sechs Teilnehmer liegt ein vorbereitetes Blatt. Von den Teilnehmern werden pro fünfminütiger Runde jeweils drei Ideen notiert. Dann werden die Blätter reihum weitergegeben und die nächste Turbo-Runde kann beginnen. Durch die Ideen, die jeder Teilnehmer bereits auf seinem neuen Blatt vorfindet, wird seine Kreativität nochmals beflügelt und es entstehen neue Ansätze. Manchmal sind es Weiterentwicklungen oder Varianten der bestehenden Antworten und manchmal auch ganz neue Ideen.

Auf diese Weise entstehen in gerade einmal dreißig Minuten sage und schreibe einhundertacht neue Ideen! Das ist doch der Wahnsinn! Jetzt lassen Sie einmal Ihre letzten Meetings Revue passieren: Wann haben Sie dort zuletzt in so kurzer Zeit so viel kreativen Output erreicht? Natürlich sind hierbei auch Dinge dabei, die möglicherweise einen Tick zu verrückt oder kostenintensiv sind. Aber Sie haben ja noch die vielen anderen!

Typisches Arbeitsmaterial sind DIN-A4-Blätter, die im Idealfall bereits mit einer leeren Tabelle bestehend aus sechs Zeilen und drei Spalten vorbereitet sind. Setzen Sie die Methode spontan ein, können Sie aber auch mit leeren Blättern arbeiten und die Unterteilung von Hand erstellen lassen.

Nach den dreißig Minuten haben Sie – wie bei anderen klassischen oder kreativen Methoden auch – eine große Sammlung von Antworten. Diese gilt es, zur weiteren Bearbeitung zunächst zu clustern und dann zu priorisieren. Das ist bei sechs beschriebenen Arbeitsblättern zugegebenermaßen nicht ganz so einfach. Eine superpraktische Variante und damit perfekte Lösung für genau diese Herausforderung habe ich bei Marco Mencke entdeckt: Er empfiehlt, die Arbeitsblätter mit Haftnotizzettel, zu bestücken und die Ideen hierauf notieren zu lassen. So ist das Weiterarbeiten und Umsortieren nachher viel leichter (Mencke 2006: 66).

Die sechs Teilnehmer, die auch Teil des Namens der Methode sind, stellen die ideale Gruppengröße dar. Aber Sie können diese Technik auch anwenden, wenn Sie weniger oder mehr Teilnehmer haben. Dann ändert sich die Anzahl der Zeilen. Allerdings ist der Zeitrahmen für so eine Turbo-Kreativarbeit begrenzt. Irgendwann lässt die Konzentration nach.

Und noch ein Hinweis zur Zeit: Auch wenn die 5 bei 6-3-5 für die Anzahl der Minuten pro Runde steht – halten Sie sich nicht sklavisch daran fest. Da die Teilnehmer am Anfang nur wenig Vorgängerideen durchlesen müssen und es gegen Ende natürlich immer mehr werden, kann man das Zeichen zum Weitergeben der Blätter in den ersten Runden etwas früher und in den letzten dann etwas später geben. Wichtig ist hierbei, dass Sie als Moderator den Takt vorgeben. Teilnehmer, die schneller fertig sind und gleich weitergeben wollen, setzen sonst schnell mal die noch überlegenden Kollegen unter Druck.

Beispiel für die Arbeit mit der 6-3-5-Methode
Fragestellung: Mit welchen Varianten der Gruppeneinteilung können wir unsere Teilnehmer überraschen?

Skatkarten	Süßigkeiten aus Säckchen ziehen lassen	Typische Urlaubsland-schaften. Teilnehmer finden sich nach Lieblingsurlaubsziel
Memory mit identischen Bildern ziehen lassen (Zweierteams)	Süßigkeiten offen auswählen lassen – noch nicht sagen wofür.	Abzählen mit Buchstaben statt mit Zahlen
Bilder, die zu einer Kate-gorie passen (Auto, LKW, Bus, Fahrrad), ziehen	Süßigkeiten bereits am Eingang auswählen lassen – noch nicht sagen wofür	Farbige Punkte schon im Vorfeld am Stuhl befestigen
Warm-up-Spiel. So wie die Teilnehmer aus-scheiden, sind sie in der Gruppe		Nebeneinandersitzende Teilnehmer bilden ein Team
Namen der Teilnehmer werden aus Lostrommel gezogen.	Bilderpaare ziehen lassen, die inhaltlichen Bezug zum Thema haben	Gegenübersitzende Teilnehmer bilden ein Team
Puzzleteile herumgeben. Immer vier ergeben ein Bild = eine Gruppe	Bilderpaare ziehen lassen, die inhaltlichen Bezug zum Unternehmen haben	Einteilung nach Firmenzugehörigkeit. Dienstältester mit Dienstjüngstem

Die 6-3-5-Methode

... ist immer dann geeignet, wenn	... viele Ideen in kurzer Zeit gefunden werden sollen. ... die Fragestellung auch zahlreiche Lösungsansätze und Ideen hergibt. ... alle Teilnehmer aktiv mit einbezogen werden sollen.
Vorgehensweise	Visualisierung der Fragestellung.
	Jeder Teilnehmer erhält ein Blatt mit einer leeren Tabelle mit einer Zeilenanzahl, die der Anzahl der Teilnehmer entspricht, und drei Spalten. Steht kein vorbereitetes Arbeitsblatt zur Verfügung, kann dies auch von den Teilnehmern händisch angefertigt werden.
	Die erste Runde beginnt. Auf das Zeichen des Moderators startet die Kreativphase von maximal fünf Minuten. Die Teilnehmer tragen ihre Ideen in die erste Zeile ein.
	Auf das Zeichen des Moderators endet die erste Runde, die Teilnehmer geben ihr Blatt an ihren Nebensitzer weiter und starten in die zweite Runde. Die Teilnehmer können sich ab dieser Runde von den Ideen ihrer Vorgänger inspirieren lassen und diese weiterentwickeln oder ergänzen. Aber auch ganz neue Ansätze sind willkommen. Und will einmal keine Idee entstehen, dann bleibt einmal ein Kästchen leer. Das ist gar kein Problem.
	Die Vorgehensweise wird weitergeführt, bis die letzte Zeile des Formulars ausgefüllt ist.
	Danach beginnt die Phase des Ordnens, Priorisierens und Weiterbearbeitens.
Die Arbeit mit der 6-3-5-Methode bringt folgende Vorteile:	Mit geringem Zeitaufwand lassen sich sehr viele Ideen finden. Alle Teilnehmer sind aktiv eingebunden. Vielredner werden durch die Stillarbeit ausgebremst.
Folgendes ist unbedingt zu beachten:	Das Thema muss zur Methode passen. Für sehr komplexe Problemstellungen ist diese Turbo-Technik nicht geeignet. Wie bereits eingangs erwähnt, sollte die Fragestellung Raum für zahlreiche Ideen bieten. Die Vielzahl der Antworten ist einerseits natürlich wunderbar – sie muss aber auch entsprechend weiterbearbeitet werden. Hierfür ist genügend Zeit einzuplanen.

7.
Agile Techniken jenseits des Projektmanagements

7.1 Nur wer das Prinzip mit Leben füllt, kann von der Technik profitieren

Neue Techniken und Methoden haben immer einen besonderen Reiz. Springt man aber in blinder Begeisterung auf den Zug auf, kann der Schuss ganz schnell auch nach hinten losgehen. Alles muss einen Sinn ergeben! Um aber einen Sinn identifizieren zu können, muss ich in erster Linie verstehen, was ich mache und warum ich es mache. Das ist auch bei agilen Techniken nicht anders.

Ich habe einen Kunden bei der Konzeption einer großen Führungskräfteveranstaltung beraten. Im Mittelpunkt stand – Sie ahnen es – das Thema »Agilität«. Keine Frage, dass bei den Vorbereitungsgesprächen sofort die unterschiedlichen Techniken und Methoden im Raum standen. Und es wurde von einer Seite auch spontan der Wunsch geäußert, diese direkt einzusetzen. Doch Agilität ist nicht mit einer Methode gleichzusetzen. Agilität beschreibt eine grundsätzliche Herangehensweise. Bevor ich Methoden erfolgreich einsetzen kann, muss ich die Grundidee dahinter verstehen, den Sinn für das Unternehmen oder die Institution erkennen und die Brücke zur eigenen Arbeitsweise schlagen. Nachdem wir dies im Konzeptionsgespräch erörtert hatten, wurde der Schwerpunkt der Veranstaltung dann auch auf das zugrunde liegende Prinzip gelegt. Die Führungskräfte bekamen in diesem Tagesworkshop Zeit und Raum, die grundlegenden Prinzipien des agilen Arbeitens kennenzulernen und sich intensiv damit auseinanderzusetzen. Besondere Bedeutung hatte hierbei auch der Bezug zur eigenen Arbeit.

Auch agile Techniken sind Mittel zum Zweck! Da unterscheiden sie sich in keinster Weise von den Methoden, die Sie in den vergangenen beiden Kapiteln kennengelernt haben. Auch sie machen nur dann Sinn, wenn sie auf ein passendes Fundament aufbauen.

Agilität ist heute in aller Munde und wird nicht nur inflationär, sondern auch in unterschiedlichsten Kontexten genutzt.

Der Begriff kommt ursprünglich aus der Softwareentwicklung und wurde dann auch auf andere Projekte übertragen. Zu verstehen, was genau hinter **agilem Projektmanagement** steht, fällt leichter, wenn man seine vier Bausteine näher betrachtet (Preußig 2015: 9):

Die vier Bausteine des agilen Projektmanagements

Abbildung 8: Die vier Bausteine des agilen Projektmanagements

Merken Sie etwas? Die Methoden kommen ganz zum Schluss und das ist auch gut so! Lassen Sie uns also zunächst auf die Basis schauen:

Die Werte und Prinzipien im agilen Projektmanagement stammen aus dem sogenannten *Agilen Manifest*, welches 2001 von Kent Beck und anderen erfahrenen Softwareentwicklern veröffentlicht wurde. Die Grundwerte für das agile Projektmanagement werden wie folgt beschrieben (Preußig 2015: 16):

- Menschen und deren Zusammenarbeit sind wichtiger als Prozesse und Werkzeuge
- Ein funktionierendes Produkt ist wichtiger als umfassende Dokumentation
- Die Zusammenarbeit mit dem Kunden ist wichtiger als Vertragsverhandlungen
- Die Reaktion auf Veränderung ist wichtiger als das Befolgen eines Plans

Es geht also um den Menschen, um Lösungsorientierung, Einbeziehung des Systems (in diesem Fall des Kunden) und die Spontaneität, situativ das Richtige zu tun anstatt am geschriebenen Konzept festzuhalten.

Die daraus abgeleiteten und ebenfalls im *Agilen Manifest* niedergeschriebenen Handlungsprinzipien geben die Handlungsgrundsätze im agilen Projektmanagement vor. Durch diese Konkretisierung verdeutlichen sie uns die charakteristischen Eigenschaften des agilen Handelns.

Wichtige agile Prinzipien im Überblick (Preußig 2015: 46)

Iteration	Produkte werden schrittweise entwickelt. Nach jedem Schritt wird Rückmeldung vom Kunden eingeholt.
Inkremente	Nach einer Iteration bekommt der Kunde ein funktionierendes Teilprodukt zu sehen.
Einfachheit	Es werden nur die Arbeiten erledigt, die wirklich nötig sind.
Veränderung begrüßen	Veränderungen an den Anforderungen werden als normal betrachtet und möglichst als Chancen genutzt.
Reviews	Der Kunde wird regelmäßig einbezogen und bekommt Teilprodukte zu sehen. Dazu kann er Feedback geben.
Retrospektiven	Der Prozess und die Zusammenarbeit im Projekt werden regelmäßig beleuchtet und verbessert.
Selbst organisierte Teams	Teams organisieren sich selbst. Sie arbeiten dadurch effektiv und übernehmen hohe Verantwortung für das Produkt.
Kooperation von Fachexperten und Entwicklern	Missverständnisse und Reibungsverluste in der Kommunikation werden durch direkte Zusammenarbeit vermindert.

Betrachten wir diese Prinzipien, nehmen die Herausforderungen, die agiles Arbeiten an die Unternehmen und jeden einzelnen Mitarbeiter stellt, konkret Gestalt an:

Wer es bislang gewohnt war, fertige und ausgereifte Lösungen zu präsentieren, der tut sich schwer damit, unfertige Zwischenschritte vorzustellen.

Feedback ist das Herzstück des agilen Arbeitens, ob es vom Kunden aufgrund der vorgestellten Teilergebnisse kommt oder im Team eingefordert wird, um den Prozess und die Zusammenarbeit zu beleuchten und zu verbessern. Dabei ist es gar nicht so einfach, Rückmeldungen zu geben und anzunehmen. Es braucht also ein konstruktives offenes Verhältnis und eine gute Feedbackkultur.

Für jeden Perfektionisten ist der Handlungsgrundsatz »Einfachheit« alles andere als ein Kinderspiel. Wer nur nötigste Arbeiten erledigt, braucht Mut zur Lücke.

Veränderungen stehen für Ungewissheit. Nicht selten geht damit auch eine Verunsicherung einher. Es sagt sich so leicht, die Veränderungen als Chance zu sehen. Für Menschen, die eher das Beständige lieben, wird dies zur echten Herausforderung.

Selbst organisiert zu arbeiten und Verantwortung zu übernehmen muss man sich erst einmal trauen. Wer es gewohnt ist, Dienst nach Vorschrift zu machen und für jeden Fehler sofort sanktioniert zu werden, wird sich hiermit unwahrscheinlich schwertun.

Direkte Kommunikation heißt, vor Ort miteinander zu sprechen. Aber wer spricht denn heute noch persönlich miteinander? Da greift man schnell in die Tasten und kommuniziert per Mail, statt einfach einmal das Telefon zu benutzen oder sogar das persönliche Gespräch zu suchen.

Sie sehen, Agilität ist mehr als ein Modewort! Wer Agilität umsetzen möchte, muss zunächst den fruchtbaren Boden hierfür bereiten. Sonst läuft dieses Tool wie jedes andere ins Leere.

Die Werte und Prinzipien, die dem agilen Projektmanagement zugrunde liegen, harmonieren auf besondere Weise mit den Erkenntnissen der systemischen Moderation, die Sie in diesem Buch kennengelernt haben. Darum wird es mit diesem Fundament auch möglich, Agilität nicht nur zu verkünden, sondern vielmehr ganz pragmatisch mit Leben zu füllen!

7.2 Agile Techniken für jeden Tag

Auch wenn es auf den letzten Seiten stark ums Projekt ging – Sie halten dieses Buch gewiss nicht in den Händen, weil Sie durch die Lektüre tief in die Spezifika des agilen Projektmanagements einsteigen möchten. Dafür ist dieses Buch auch gar nicht geschrieben. Aber es spricht doch nichts gegen die eine oder andere Inspiration, oder? Lassen Sie uns also in diesem Kapitel die Schatzkiste der Projektexperten öffnen und schauen, was wir unter den Fundstücken so alles entdecken. Viele Erkenntnisse und Praktiken des agilen Projektmanagements lassen sich hervorragend auf andere Kontexte übertragen. Auf diese Weise können Sie Ihre eigene Toolbox weiter anreichern und in künftigen Moderationssituationen aus dem Vollen schöpfen!

Mit den agilen Werten und Prinzipien sind nach dem *Agilen Manifest* die Voraussetzungen für erfolgreiches agiles Arbeiten geschaffen. Um nun die PS auf die Straße zu bekommen und aktiv in die Moderation zu gehen, setzt das agile Projektmanagement zunächst auf Techniken, die Struktur geben. Darauf aufbauend kommen dann Methoden zum Einsatz. Diese sind allerdings stark auf die Softwareentwicklung zugeschnitten. Aus diesem Grund möchte ich mich nachfolgend auch weniger auf die Methoden, sondern vielmehr auf die Techniken fokussieren. Denn diese können Ihnen auch dann von Nutzen sein, wenn Ihre Moderationsanlässe nicht das Geringste mit Projektmanagement und Software-Entwicklung zu tun haben.

Task Board – die visuelle Darstellung aktueller Aufgaben

Wunderbar einfach und nützlich! Man braucht hierzu eine Wand oder eine Tafel – unterteilt in die drei Kategorien »anstehend«, »in Bearbeitung«, »erledigt« – und ein paar Haftnotizen. Das war es dann auch schon. Auf dem Task Board werden dann die aktuellen Aufgaben des Teams visualisiert. Zugeordnet werden diese der Kategorie, die für den Status der jeweiligen Aufgabe stehen.

Aktuelle Aufgaben im Team

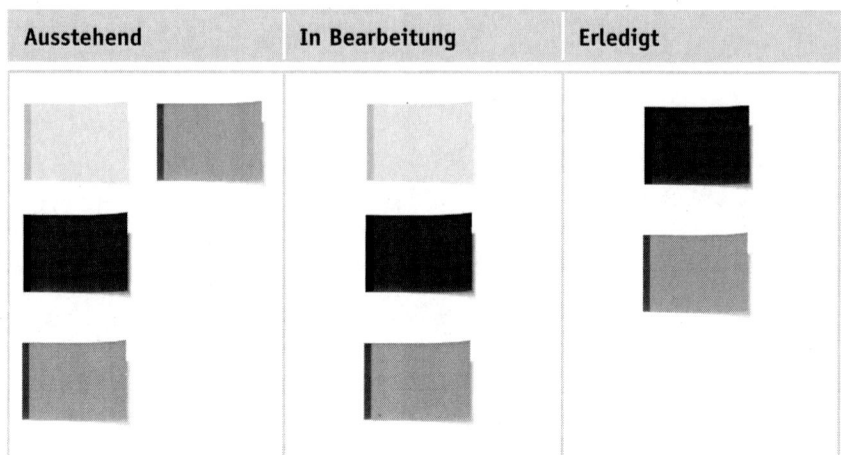

Abbildung 9: Task Board

Sinn dieses Boards ist es, dass alle Teammitglieder einen guten Überblick über die aktuell zu bewältigenden Aufgaben und den jeweiligen Fortschritt bekommen. Dementsprechend ist es empfehlenswert, größere Aufgaben in einzelne Teilschritte zu splitten und diese entsprechend anzubringen. Farbliche Unterscheidungen unterstützen dabei die Übersichtlichkeit.

Viele Jahre lang war ich im Präsidium eines Karnevalsvereins aktiv. Hier gab es während einer Karnevalskampagne viele eigene Veranstaltungen, die allesamt mit großem Organisationsaufwand verbunden waren. Ein Aufgabenschwerpunkt war natürlich die programmbezogene Gestaltung der Veranstaltungen. Doch darüber hinaus mussten auch vielfältige organisatorische Themen bearbeitet und gelöst werden. Weil wir in der überaus komfortablen Situation waren, auf viele Ehrenamtliche zurückgreifen zu können, konnten die unterschiedlichen Aufgaben auf einzelne Ausschüsse verteilt werden. Dennoch sollte die Vereinsführung natürlich zu jeder Zeit den Überblick behalten, was in den einzelnen Ausschüssen aktuell am Laufen war. Ich wusste damals noch nichts von Task Boards. Aber wie hilfreich und effizient wäre es gewesen, bei einer Sitzung gemeinsam auf das aktuelle Gesamtbild der Aufgaben und Zuständigkeiten zu schauen und anstehende Themen besprechen und Herausforderungen identifizieren zu können. In dieser Form visualisiert wäre auch keine Aufgabe in Vergessenheit geraten. Und durch eine farbliche Unterscheidung wäre auch jeder Verantwortungsbereich auf einen Blick zu erkennen gewesen. Freilich ging auch bislang alles immer irgendwie gut. Aber durch die aktive Arbeit an einem Task Board wäre das garantiert schneller und vor allen Dingen ohne viele zusätzliche Absprachesschleifen möglich gewesen.

Auch beim Task Board gilt: Nutzen Sie die Technik so, wie sie Sie am Besten unterstützt. So können Sie je nach Anforderung noch eine zusätzliche Spalte einfügen, in der zum Beispiel strategische Aufgaben angebracht werden, die noch nicht in den laufenden Erledigungsprozess einfließen.

Daily-Standup-Meetings – Turbomeeting auf zwei Beinen

Im agilen Projektmanagement sind tägliche Kurzmeetings Programm. Um hier effizient zu arbeiten, gelten für diese Treffen zwei klare Regeln:

- Sie sind kurz.
- Sie finden im Stehen statt.

Es geht bei diesen Meetings darum, Informationen auszutauschen und jeden auf den aktuellen Stand zu bringen. Dabei arbeiten die Teammitglieder an folgenden Fragen, für deren Beantwortung sie nur ca. zwei Minuten Zeit haben (Preußig 2015: 83):

- Wie bin ich gestern mit meiner Arbeit vorangekommen?
- Welche Arbeitspakete liegen heute an?
- Welche Hindernisse gibt es für mich aktuell, die der Erledigung dieser Arbeiten entgegenstehen?

Idealerweise finden diese Meetings vor dem Task Board statt.

Der kurze Informationsaustausch im Stehen kann auch außerhalb agiler Projekte sinnvoll eingesetzt werden. Dabei können Sie beide Facetten, also »kurz« und »stehen« genau wie vorgestellt umsetzen. Oder Sie schauen sich nur einen Teil ab:

Ich selbst nutze Sequenzen im Stehen übrigens auch sehr gerne während größerer Workshops. Das sorgt für eine gute Dynamik und bringt neuen Schwung in die Gruppe.

Sie können dieses Kurz-Meeting-Format aber auch einmal als Basis einer Telefonkonferenz ausprobieren. Der Aspekt des Stehens entfällt bei dieser Variante. Aber durch eine klare Fragenvorgabe und eine knappe Zeitbegrenzung müssen die Teilnehmer mit voller Aufmerksamkeit dabei sein. Da haben die typischen Nebenbei-Mails keine Chance mehr! Die Fragen können Sie je nach Situation variieren. Sie sollten immer so gestellt sein, dass sie die Gruppe am Ende des Tages weiterbringen.

Auch bei normalen Präsenzmeetings kann eine Einstiegsrunde mit einem zweiminütigen Statement der Teilnehmer nach einer klaren Fragenvorgabe den Rest des Teams in Rekordzeit auf eine gute gemeinsame Informationsbasis bringen.

Probieren Sie es einfach aus! Doch bitte vergessen Sie vor lauter Freude über diese Effizienz-Bringer nicht, auch immer nach dem Sinn zu fragen. Diese Kurz-Meetings sind wunderbar, um Informationen auszutauschen. Auch manch kreative Idee kann in Rekordzeit entstehen, wie Sie bei der 6-3-5-Methode (Kapitel 6.5, siehe Seite 171 ff.) gesehen haben. Doch nicht alles passt immer. Schwierige Themen, die sehr viel Empathie erfordern, um unter die sprichwörtliche Wasseroberfläche des Eisbergs zu gelangen, lassen sich nicht gegen die Uhr lösen!

7.3 Agilität baut auf Präzision und Klarheit

Erinnern Sie sich noch an die zwei Wirklichkeiten von Paul Watzlawick (Kapitel 1.4, siehe Seite 29 ff.)? Ob Kunde oder Lieferant, Mitarbeiter oder Vorgesetzter: Auch wenn es um ein gemeinsames und vermeintlich klares Thema geht, hat doch jeder seine ganz persönliche Sicht darauf. Missverständnisse und Fehler sind also vorprogrammiert.

Nachfolgend stelle ich Ihnen zwei Techniken aus dem agilen Projektmanagement vor, mit denen wir nahtlos an bereits bekannte Fragetechniken anknüpfen können:

Use Cases und User Storys – Anforderung aus Sicht des Kunden
Schon bei den agilen Werten fällt auf, dass die Perspektive des Kunden im agilen Projektmanagement einen hohen Stellenwert hat. Die Technik Use Cases stellt genau diese Thematik in den Vordergrund. Das Ziel dieser Technik ist es, eine komplette Beschreibung der Funktionalität des Produktes zu bekommen, und zwar in der Sprache des Kunden. Bei den User Storys handelt es sich um sehr kurze Beschreibungen von Anwendungsfällen (Preußig 2015: 92).

Bewegen wir uns bei der Begrifflichkeit vom agilen Projektmanagement weg, dann handelt es sich dabei um einen Perspektivenwechsel: Wir betrachten die Welt mit der Brille des Kunden! Sie brauchen diese Technik aus dem Projektmanagement gar nicht mehr in Ihren eigenen Kontext zu übertragen, Sie nutzen sie längst! Zumindest, wenn Sie den Blick des Partners (Kapitel 4.5, siehe Seite 103 ff.) bei der Formulierung Ihrer Moderationsfragen regelmäßig einnehmen.

Definition of Done – wann ist eine Aufgabe wirklich erledigt?
Jeder sieht die Welt anders. Nehmen wir die Besorgung der Weihnachtsgeschenke als Beispiel: Während die einen schon einen Haken hinmachen, wenn sie ihre Onlinebestellung abgesendet haben, ist für die anderen die

Aufgabe erst dann erfüllt, wenn das bestellte Geschenk angekommen, liebevoll verpackt und mit einem Weihnachtsanhänger mit Namen des Beschenkten versehen ist.

Denken Sie an Paul Watzlawick: Wenn wir zugrunde legen, dass es nicht die eine Wahrheit gibt, sondern jeder seine ganz individuelle Sicht darauf hat; warum um Himmels willen sollen wir dann ausgerechnet von der Begrifflichkeit »erledigt« das gleiche Verständnis haben?

Missverständnissen kann nur dann vorgebeugt werden, wenn möglichst viele und genaue Faktoren im Vorfeld definiert werden. In der Definition of Done, kurz DoD, wird vom Team anhand konkreter Kriterien genau festgehalten, wann eine Aufgabe als abgeschlossen angesehen werden kann (Preußig 2015: 114). Haben alle Beteiligten das gleiche Verständnis, welche kleinen Häkchen gesetzt sein müssen, bevor der Erledigt-Haken dann auch wirklich gemacht werden kann, steigert dies die Effizienz deutlich. Auch das Task Board kann dann erst richtig erfolgreich genutzt werden. Die Definition of Done ist in der Form auch weit über das Projektmanagement hinaus einzusetzen! Die Erarbeitung kann hervorragend im Rahmen einer Moderation erfolgen.

Übertragen wir diese Kriterien aus dem Zahlen-Daten-Fakten-Kontext auf die Verhaltensebene, dann sind wir direkt bei der Verhaltensfrage (Kapitel 4.8, siehe Seite 118 ff.). »Durch welches Verhalten erkennen meine Kunden, dass ich sie wertschätze?«

Auch auf der Verhaltensebene machen Checklisten Sinn. Allerdings ist es da nicht als »Aufgabe erledigt«, sondern vielmehr als »Standard erreicht« zu definieren. Besonders gut geeignet sind hierbei übrigens Verhaltensfragen, die gleichzeitig noch auf den Kopf gestellt werden: »Wie muss ich mich verhalten, damit mein Kunde merkt, dass ich ihn nicht achte?« Wenn Sie hier die Antworten dann wieder umkehren, haben Sie eine ausführliche und detaillierte Verhaltenscheckliste!

7.4 Der Blick in den Rückspiegel gehört zum agilen Programm

Fehler passieren. Erst recht, wenn man ohne Netz und doppelten Boden agiert. Ärgerlich wird es aber immer dann, wenn sich dieselben Fehler häufen. Aus Fehlern zu lernen gehört deshalb zur Kernkompetenz im agilen Projektmanagement. Und so ist der reflektierende Blick auch fester Bestandteil im *Agilen Manifest*. Doch auch für andere Kontexte lässt sich hier einiges abschauen. Denn meist erfolgt der Rückblick – wenn überhaupt – am Ende eines Projektes, eines Auftrages oder auch einer Moderation. Die Lernerfahrung kann dann erst in der Zukunft, also bei neuen Aufgaben einfließen. Das agile Projektmanagement lehrt uns hingegen, bereits während der Fahrt immer wieder in den Rückspiegel zu schauen, um während des laufenden Prozesses Änderungen direkt berücksichtigen und umsetzen zu können.

Die Sache im Blick: Reviews mit dem Kunden

Im Projektkontext geht es bei einem Review darum, bei den Projektanforderungen, die beim agilen Projektmanagement als veränderbar begriffen werden, nachzusteuern. Das oberste Ziel dabei ist eine möglichst hohe Zufriedenheit der Kunden mit dem Produkt (Preußig 2015: 64).

Hierzu werden nach einem entsprechenden Teilschritt die relevanten Personen auf Kundenseite identifiziert und zu einem Review geladen.

Kennen Sie den Ausspruch »Wenn man nicht alles selber macht ...«? Haben Sie nicht auch schon hin und wieder Aufgaben delegiert und waren nach der Fertigstellung mit dem Ergebnis nicht zufrieden? In diesem Beispiel waren Sie der Kunde! Man hat Ihr Briefing entgegengenommen und ist dann wieder ins stille Kämmerchen gegangen. Am Ende der Aufgaben waren dann beide Seiten frustriert: Sie, weil Sie als Kunde nicht bekommen haben, was sie sich vorgestellt haben. Und die Person, die für Sie gearbeitet hat, weil das mit viel Schweiß und Herzblut erarbeitete Ergebnis bei Ihnen durchgefallen ist. Die kompletten Ressourcen, die hier investiert wurden, wurden also komplett in den Sand gesetzt. Das Schlimmste hierbei ist, dass genau dieses Vorgehen häufig an der Tagesordnung ist. Wie oft heißt es in Meetings: »Überlegen Sie sich zu diesem Thema einmal etwas ...«

Agiles Vorgehen bedeutet, dass die Gesamtaufgabe in mehrere Teilschritte unterteilt wird. Dementsprechend wird auch nicht erst die fertige Lösung, sondern vielmehr das jeweilige Teilergebnis vorgestellt. Bevor dieses weiterentwickelt wird, gilt es zunächst, in einem Review das Feedback einzuholen und zu berücksichtigen. Diese Herangehensweise lässt sich auch jenseits von Projekten gut umsetzen.

Bei der Planung sollten Sie auf folgende Punkte achten:
- Diese Vorgehensweise muss zu den zu bewältigenden Aufgaben passen und einen Mehrwert bringen.
- Das schrittweise Vorgehen sollte allen bekannt sein, sonst entstehen falsche Erwartungen.
- Vergegenwärtigen Sie sich im Vorfeld über die thematische Ausrichtung des jeweiligen Schrittes und laden Sie für das jeweilige Review (nur) die zuständigen Ansprechpartner ein.
- Die im Rahmen des Reviews getroffenen Entscheidungen stellen die Weichen für die weiteren Schritte dar. Sie müssen deshalb festgehalten und allen Betroffenen zugänglich gemacht werden.

Das Review stellt die Anforderung des Kunden an das Produkt in den Vordergrund.

Der Anspruch der kontinuierlichen Verbesserung fokussiert sich im agilen Projektmanagement aber nicht nur auf das Produkt, also das **Was**, sondern in gleichem Maße auch auf das **Wie**.

Retrospektiven zielen auf die Verbesserung des Prozesses

Die zu den Prinzipien des agilen Projektmanagements zählende Retrospektive lässt sich gerade in der modernen Arbeitswelt hervorragend auf Teams übertragen:

Bei immer komplexer werdenden Herausforderungen braucht es die Expertise von vielen, um gemeinsam zu einer innovativen, effizienten und tragfähigen Lösung zu kommen. Nur – in welcher Form soll der gegenseitige Austausch und das gemeinsame Arbeiten erfolgen? Häufig sitzen die Teams nicht mehr wie einst Büro an Büro, sondern sind national oder sogar international verstreut. Was funktioniert in dieser Konstellation und was nicht? Und ist die Schlussfolgerung die, dass etwas, das einmal gut geklappt hat, automatisch als Paradelösung für die weitere Zusammenarbeit angesehen werden kann?

Ich bin überzeugt, dass genau dieser Automatismus nicht funktioniert. Die Aufgaben und Rahmenbedingungen ändern sich ständig, und so macht es durchaus Sinn, im Sinne eines erfolgreichen und effizienten Miteinanders die Form der eigenen Arbeit sowie der Zusammenarbeit und Kommunikation im Team regelmäßig zu hinterfragen.

Erfolgsentscheidend für die Etablierung regelmäßiger Retrospektiven ist die Grundeinstellung hierzu. Es geht nicht um einen Kontrollmechanismus, um Fehler und Unzulänglichkeiten zu identifizieren und zu sanktionieren. Es geht vielmehr um eine kontinuierliche Verbesserung und Weiterentwicklung.

Bei einer Retrospektive handelt es sich um einen Moderationsanlass. Die einzelnen Schritte des gemeinsamen Arbeitens orientieren sich an den sechs Phasen der Moderation, die Sie im klassischen Moderationszyklus kennengelernt haben (Kapitel 3.4, siehe Seite 81 ff.).

- Da die Einstellung hier besonders wichtig ist, gilt es, der Einstiegsphase zur Schaffung einer offenen, wertschätzenden und konstruktiven Atmosphäre besondere Bedeutung zu schenken.
- Das Sammeln geschieht häufig über eine typische Bilanzierung: »Was läuft gut? Wo haben wir Optimierungsbedarf?«
- Gegebenenfalls werden in einer Auswahlphase die Themen priorisiert, die in der Bearbeitungsphase dann vertieft und weiterentwickelt werden.
- Die konkreten zu ändernden Schritte werden geplant und in einem schriftlichen Maßnahmenpapier (Wer macht was bis wann?) festgehalten.
- Mit dem Abschließen wird das gemeinsame Arbeiten zu einem guten und motivierenden Schluss gebracht.

7.5 Lean Coffee – ein agendaloses Meeting-Format aus der neuen Welt

Neuen Moderationsformaten ist eines gemein: Sie bestechen durch eine interessante Mischung aus großem Freiraum und wenigen, dafür aber klaren Regeln.

Ein solches Format ist auch das Lean Coffee. Ins Leben gerufen wurde es 2009 in Seattle von Jim Benson und Jeremy Lightsmith. Die Ursprungsabsicht der beiden war es, sich in einer Gruppe von Interessierten über ein bestimmtes Thema aus dem Bereich Lean-Management auszutauschen. Dabei wollten sie keine Veranstaltung kreieren, die durch großen Organisationsaufwand gekennzeichnet ist. Ihre Absicht war es vielmehr, ein Treffen zu schaffen, welches alleine von den Menschen geprägt ist, die kommen und ebenfalls lernen und sich austauschen möchten.

Lean Coffee™ ist ein Warenzeichen von Modus Cooperandi. Informationen zu diesem Format konnte ich nur im Internet finden. Zum einen auf der Website *http://german.leancoffee.org* und zum anderen auf einem Youtube-Video: *https://www.youtube.com/watch?v=zhG-A-kRPAU*.

Bei Lean Coffee handelt es sich um ein agendaloses Treffen, bei dem die Teilnehmer ihre Agenda demokratisch und aktuell selbst aufstellen.

Das Vorgehen folgt einer einfachen Struktur: Im ersten Schritt wird eine Struktur geschaffen, die an das eben kennengelernte Task Board erinnert. Es gibt auch hier drei Kategorien:

to discuss	discussing	discussed

Als Arbeitsmaterial dienen Haftnotizzettel und Stifte. Die Teilnehmer notieren nun die Themen, über die sie gerne sprechen möchten.

Im zweiten Schritt stellt jeder Teilnehmer seine Themen in je maximal zwei Sätzen vor.

Danach wird im dritten Schritt über die zu diskutierenden Punkte abgestimmt. Aus den Informationen, die über Lean Coffee zu finden sind, geht hervor, dass jeder Teilnehmer zwei Stimmen bekommt. Ich selbst empfehle, nach den Regeln der Mehrpunktabfrage abstimmen zu lassen (Kapitel 5.4, Seite 144 ff.) Jeder Teilnehmer bekommt die halbe Anzahl an Antworten als Punkte.

In der Reihenfolge des Votings werden die Themen nun zur Diskussion freigegeben. Der jeweils zugehörige Haftnotizzettel wird auf »discussing« gesetzt.

Die Zeit für die Diskussion ist limitiert. Nach der vorgegebenen Zeit (beispielsweise fünf oder sieben Minuten) wird in die Runde gefragt, ob eine Verlängerung gewünscht ist. Die Teilnehmer entscheiden durch Daumen hoch oder Daumen runter. Ist die Verlängerung für die meisten interessant, gibt es noch ein kurzes zusätzliches Zeitfenster. Danach ist Schluss. Ist das Thema abgeschlossen, wird der Haftnotizzettel in die Kategorie »discussed« eingeordnet.

Lean Coffees gibt es weltweit. Auch ist jeder eingeladen, selbst aktiv zu werden und ein Lean Coffee zu starten. Vielleicht haben Sie ja selbst Lust, sich zu einem bestimmten Thema mit anderen Interessierten auf diese Weise auszutauschen. Oder Sie möchten einfach einmal bei einem Lean Coffee dabei sein. Schauen Sie einfach ins Netz. Mit dem Suchbegriff: »Lean Coffee Deutschland« stoßen Sie einerseits auf Artikel zum Format. Darüber hinaus werden sich aber gewiss auch aktuelle Ankündigungen für solche Treffen finden.

Für die Moderation bietet dieser Ansatz darüber hinaus interessante Impulse, die sich auch sehr gut in Meetings übernehmen lassen. Allerdings gilt es, hierbei auf drei Punkte zu achten:

- Ziel
- Teilnehmerinteresse
- Thema

Ziel

Beim Lean Coffee steht der freie Informations- und Erfahrungsaustausch zu einem Thema im Vordergrund! Es geht weder um die Herbeiführung einer Entscheidung zu einem Thema noch darum, am Ende des Tages mit gemeinsamen Lösungen und konkreten Maßnahmenplänen nach Hause zu gehen. Wenn das Ziel Ihrer Moderation also der Austausch ist, kann eine Lean-Coffee-Sequenz hierbei möglicherweise den Turbo zünden. Doch hierfür sind noch weitere Voraussetzungen nötig:

Teilnehmerinteresse

Aus dem großen persönlichen Interesse an diesen Themen resultiert die Energie eines jeden Einzelnen, die letzten Endes diesen hochwertigen Austausch in Blitzgeschwindigkeit ermöglicht. Deswegen werden durch das Voting auch die Themen aussortiert, die nur auf geringes Interesse stoßen. Wenn Sie die Freiheit haben, Ihre Teilnehmer über die zu diskutierenden Themen entscheiden zu lassen, sind die Voraussetzungen für eine funktionierende Turbo-Runde fast erfüllt.

Thema

Die Macht der Stoppuhr funktioniert dann, wenn es um Fach- und Sachthemen geht. Schwierig wird es bei Themenstellungen, die sich um persönliche Befindlichkeiten und Werte handeln. Doch wenn Sie die Zielfrage ernst nehmen, dann schließen sich diese persönlichen Themen von selbst aus. Denn bei Fragen, die meine persönlichen Werte und Befindlichkeiten betreffen, geht es sicherlich selten nur um den reinen Austausch ohne Lösungsabsicht.

Schauen Sie also neugierig, wann und wo Sie von den Erkenntnissen der Lean-Coffee-Methode profitieren können.

So wie in diesem Vertriebsteam: Im Rahmen des monatlichen Regelmeetings steht am Ende immer eine Lean-Coffee-Sequenz zu einem aktuellen Produkt auf der Agenda. Es ist an dieser Stelle anzumerken, dass sich die Palette der sehr anspruchsvollen Produkte kontinuierlich erweitert und so ein ständiger Bedarf an Erfahrungsaustausch besteht. Die Teammitglieder schreiben also auf ihre Haftnotizen die Themen, die ihnen rund um dieses Produkt aktuell unter den Nägeln brennen. Das können sowohl technische Eigenschaften als auch Verkaufsargumente oder Kundeneinwände sein. Durch diesen Power-Austausch wird das individuelle Produkt-Know-how eines jeden Teammitglieds innerhalb kürzester Zeit enorm erweitert. Denn durch die konsequente Zeiteinhaltung werden auch die Vertriebsmitarbeiter, die nicht nur gerne, sondern auch viel reden, dazu angehalten, auf den Punkt zu kommen.

8.
Nicht einfach laufen lassen –
Labern ist der Tod jedes Meetings

8.1 Methodik der Gesprächsführung

»Es ist schon alles gesagt, nur noch nicht von allen.«

Karl Valentin (1882 – 1948), Komiker, Volkssäger, Autor und Filmproduzent

Ich bin sicher – wäre Karl Valentin heute bei so manchem Meeting oder auch einer Vereins- oder Verbandssitzung als stiller Beobachter dabei – er ginge inspiriert nach Hause und hätte jede Menge Anregungen für weitere Verse.

»Da muss man halt strukturiert und diszipliniert durch die Besprechung führen!« Das könnte man durchaus so sehen – muss man aber nicht. Denn für zielführende und konkrete Ergebnisse braucht es mehr! Zum einen besteht die Methodik der Gesprächsführung eben nicht nur aus dem disziplinierenden Lenken der Beiträge. Hier sind empathisches Zuhören und gutes Wahrnehmen mindestens genauso wichtig. Und zum anderen ist die Gesprächsführung nur ein einzelnes Puzzleteil auf dem Weg zu einem effizienten und erfolgreichen Meeting. Bevor wir tatsächlich vor Ort als Moderator in Aktion treten, ist schon viel geschehen. Und all das hat den Boden für den Erfolg oder eben auch für den Misserfolg des gemeinsamen Arbeitens bereitet.

Die wichtigsten Stolpersteine haben Sie bereits aus dem Weg geräumt, wenn Sie bei der Vorbereitung Ihres Meetings den Moderationscheck (Kapitel 2, siehe Seite 43 ff.) berücksichtigt haben. Denn dann haben Sie Ihren Moderationsauftrag hinsichtlich der

- zu moderierenden Gruppe,
- Themenstellung und
- Zielsetzung

geprüft, möglicherweise auch modifiziert und schließlich vorbereitet. Und auch wenn Sie ohne große Vorbereitung situativ und spontan agieren müssen, bietet sich Ihnen zumindest auf dem Weg zum Besprechungsraum noch die Möglichkeit, die einzelnen Check-Punkte im Schnelldurchlauf durchzugehen. Dieser Check sollte Ihnen in Fleisch und Blut übergehen! Und bis dies der Fall ist, schreiben Sie sich eine Liste und schauen Sie vor dem Meeting drauf. Denn wenn Sie den Moderationscheck ganz locker außen vor lassen, dann laufen Sie schlicht und ergreifend Gefahr, dass es Ihnen, salopp gesagt, das ganze Meeting um die Ohren haut oder aber Sie in einer wunderbaren Alibi-Moderation landen. Und nirgendwo lässt es sich besser labern als bei Alibi-Moderationen!

Ausufernde Diskussionen haben also ihre Ursache nicht ausschließlich in der mangelnden Gesprächsführungskompetenz des Moderators – aber unschuldig an der Situation ist er deshalb noch lange nicht! Denn die Verantwortung des Moderators beginnt eben nicht erst im Besprechungsraum, sondern weit vor der Durchführung der Moderation!

Ein kleiner Hinweis: Falls Sie aus Effizienzgründen direkt zum vermeintlichen Kern kommen wollten und sich das Kapitel zum Moderationscheck für lange Winterabende aufgehoben haben: Blättern Sie einfach unauffällig zurück. Sie haben sonst einen elementaren Erfolgsbaustein ausgeklammert!

Stellen wir uns nun also vor, alle Vorbereitungen sind soweit vorangeschritten, dass Sie guten Gewissens die Gesprächsführung des Meetings übernehmen. Wie gehen Sie dann idealerweise vor?

Der Weg zur konstruktiven Gesprächsführung

Wo soll's hingehen?
Damit sich die Teilnehmer gut in die Gesprächssequenz einbringen können, benötigen sie eine Orientierung über das **Ziel**, welches im Rahmen der Gesprächssequenz erreicht werden soll.

Wie lauten die Spielregeln?
Manchmal macht es Sinn, eine Gesprächssequenz nach bestimmten **Regeln** aufzubauen. Beispielsweise, dass zum anstehenden Thema reihum jeder Teilnehmer sein Statement abgeben darf und soll.

Am Anfang steht die Frage
Die **kluge Frage** ist das Herzstück jeder Moderation. Das gilt nicht nur für große Workshops, sondern für jede noch so kleine Gesprächsrunde. Denn mit der Frage inspiriere ich die Gedanken der Teilnehmer. Und Sie wissen es bereits – wenn ich neue Antworten möchte, dann führt der Erfolg versprechende Weg auch über eine neue Fragestellung.

Wer darf wann?
Der Moderator ist dafür zuständig, die **Reihenfolge der Beiträge** zu steuern – falls dies nicht durch eine Reihum-Regel bereits festgelegt wurde.

Auf den Punkt gebracht
Es ist die Aufgabe des Moderators, von Zeit zu Zeit die **Inhalte zusammenzufassen**. Je nach Umfang kann das jeweils nach einem oder aber nach mehreren Beiträgen sinnvoll sein.

Habe ich das so auch richtig verstanden?
Es könnte immer auch ganz anders sein. Der Moderator holt sich von seinen Teilnehmern die **Zustimmung für seine Zusammenfassung** ab. Hier gilt seine Aufmerksamkeit nicht nur dem gesprochenen Wort, sondern auch der Körpersprache der Teilnehmer. Denn auch wenn der Teilnehmer

nichts sagt – seine Körpersprache verrät einiges. Haben Sie also ein Auge drauf.

Erarbeitetes festhalten

Manchmal dreht man sich im Kreis. Da landen Themen, die eigentlich schon besprochen waren, aus unerfindlichen Gründen noch einmal auf dem Tisch. Das kostet unnötige Zeit. Von der Energie der Teilnehmer ganz zu schweigen. Deshalb ist es wichtig, **Erarbeitetes festzuhalten!** An Stellen, an denen eine Übereinkunft, ein Teilbeschluss oder ein Ergebnis zu verzeichnen ist, gilt es, dieses auch zu vermerken. Dies kann natürlich im Sitzungsprotokoll geschehen. Weitaus hilfreicher ist allerdings die für die Teilnehmer sichtbare Visualisierung auf Flipchart, Whiteboard, Pinnwand, Kärtchen oder, wenn nichts anderes verfügbar ist, auf einem einzelnen Blatt Papier (aber bitte dennoch groß und plakativ schreiben). Dieser Schritt ist nicht nur für die Ergebnissicherung wichtig. Gerade wenn bereits bearbeitete Themen wieder auftauchen, ist es sehr hilfreich, wenn ich mich als Moderator zusätzlich zum verbalen Hinweis auch auf das schriftlich festgehaltene Ergebnis beziehen und es zeigen beziehungsweise auf es deuten kann.

Mit diesem Leitfaden der Gesprächsführung gelingt es Ihnen, Diskussionen strukturierter zu gestalten. Durch das Zusammenfassen und Abgleichen entsteht darüber hinaus eine höhere Transparenz über die tatsächlich gemeinten Inhalte. Und doch bleibt es am Ende des Tages eine Besprechung. Vielleicht eine bessere. Aber dennoch eine Besprechung. Da verkörpert der Name auch gleich das Programm. Wäre es für das Ergebnis der Zusammenkunft nicht wünschenswert, dass auch bei Meetings und typischen Sitzungen nicht nur über Dinge gesprochen, sondern vielmehr aktiv an ihnen gearbeitet werden würde?

Die Leitung einer Besprechung ist nichts anderes als eine Moderation. Allerdings wird bei Moderationen, die das Etikett »Meeting«, »Besprechung« oder »Sitzung« tragen, leider meistens jede Menge wertvolles Potenzial verschenkt. Und das selbst dann, wenn die Gesprächsführung konstruktiv und professionell geleitet wird. Es wird **darüber gesprochen** statt **daran gearbeitet.** Wollen Sie sich aber von endlosen Diskussionen verabschieden und stattdessen konkrete Ergebnisse erreichen, gelingt Ihnen das am besten, wenn Sie zusätzlich zur guten Gesprächsführung die vielfältige Kompetenz Ihrer Teilnehmer nutzen und sie aktiv zum Arbeiten bringen. Methoden hierzu finden Sie in den Kapiteln 5, 6 und 7 zuhauf. Integrieren Sie diese häppchenweise in Ihre Meetings und Sie werden überrascht sein, wie schnell, effizient und konkret die Ergebnisse sein werden.

Konstruktive Gesprächsführung ist die Grundlage einer guten Besprechung. Ergänzen Sie diese mit methodischer Kompetenz und binden Sie die Teilnehmer aktiv ein, kann daraus ein innovatives, erfolgreiches und hocheffizientes Meeting werden.

Auch wenn ich dem gemeinsamen Arbeiten immer den Vorzug vor dem darüber Sprechen gebe – die souveräne Gesprächsführung gehört zu den Kernkompetenzen eines jeden Moderators. Denn egal, ob ich den Teilnehmern im Rahmen eines Workshops die Gelegenheit gebe, ihre erarbeiteten Anregungen zu artikulieren oder ob heikle Situationen unerwartet für großen Gesprächsbedarf sorgen: Gesprochen wird immer. Deshalb ist es wichtig, dass sich jeder Moderator in der Gesprächsführung zu Hause fühlt. Sie haben in diesem Kapitel die Basis kennengelernt. Erweitern Sie dieses durch die beiden Ansätze, die ich Ihnen in den beiden nachfolgenden Kapiteln vorstelle.

8.2 Gehört heißt nicht verstanden – aktives Zuhören

Kennen Sie »stille Post«? In diesem bei Kindern so beliebten Spiel geht es darum, dass eine – meist recht abstruse – Geschichte von Teilnehmer zu Teilnehmer weitererzählt wird. Bis man selbst an der Reihe ist, wird vor der Türe gewartet. Ist es dann soweit, hört der Zuhörer die Geschichte nur einmal und darf dem Erzähler auch keine Fragen stellen. Danach gibt er die Geschichte dann genau so an den nächsten weiter, wie er sie verstanden hat. Und Sie können sich vorstellen, was mit einer Geschichte passiert, die fünf, sieben oder neun Mal weitererzählt wird: So manches wird einfach weggelassen, anderes verändert und zu guter Letzt noch Neues hinzugefügt.

Ich mache diese Übung gerne mit meinen Ausbildungsteilnehmern. Einmal ging es um eine Geschichte, die im Winter spielte. Und auch von Schnee war die Rede. Und so hat mein Teilnehmer vor seinem geistigen Auge seine persönliche Winterlandschaft gezeichnet und schwupps – auf einmal spielte die Geschichte in den Bergen. Dass es genau dieses hinzugefügte Detail bis zum Schluss schaffte, in der Geschichte zu verbleiben, während viele andere – tatsächlich aus der Ursprungsgeschichte stammenden – Punkte nach und nach von der verbalen Bildfläche verschwunden sind, ist nicht weiter wichtig. Aber amüsiert hat es mich beim Zuhören dennoch.

Ganz egal, mit wem Sie diese Übung machen, es wird am Ende immer eine Geschichte entstehen, die mit der Ursprungsversion nicht mehr allzu viel gemein hat. Am Beispiel der stillen Post werden zwei Dinge eindrucksvoll deutlich:

* Es ist schwierig, alle Informationen aufzunehmen – aus diesem Grund werden die Geschichten immer erheblich kürzer.

- Jeder Zuhörer hat seine ganz persönliche Brille auf und setzt das Gehörte ganz automatisch in seinen eigenen persönlichen Rahmen. So wie mein Teilnehmer, der bei Schnee ganz intuitiv an die Berge dachte.

Und wissen Sie, welches die größte Falle hierbei ist? Wir denken, wir hätten es verstanden! Wir agieren nach bestem Wissen und Gewissen, nicken noch zustimmend und palavern doch nur aneinander vorbei.

In agilen Prozessen ist das Aneinander-vorbei-Reden besonders fatal. Wenn Zwischenlösungen vorgestellt und durch Rückkopplung weiterentwickelt werden, dann kann das nur funktionieren, wenn alle Beteiligten vom Selben sprechen. Eine konstruktive Gesprächskultur hilft, kommunikative Missverständnisse zu vermeiden.

Genau hier setzt das aktive Zuhören an. Es ist die zentrale Gesprächsführungstechnik, die von Carl Rogers, dem Begründer der Gesprächspsychotherapie, entwickelt wurde. Sie kann auf der Empfängerseite der Kommunikation eingesetzt werden, um die Verständigung sowohl auf der Sach- als auch auf der Beziehungsebene zu verbessern (Schmidt 2006: 172).

Das aktive Zuhören erfolgt in drei Stufen:
- Zuhören
- Verstehen
- Gefühle verstehen

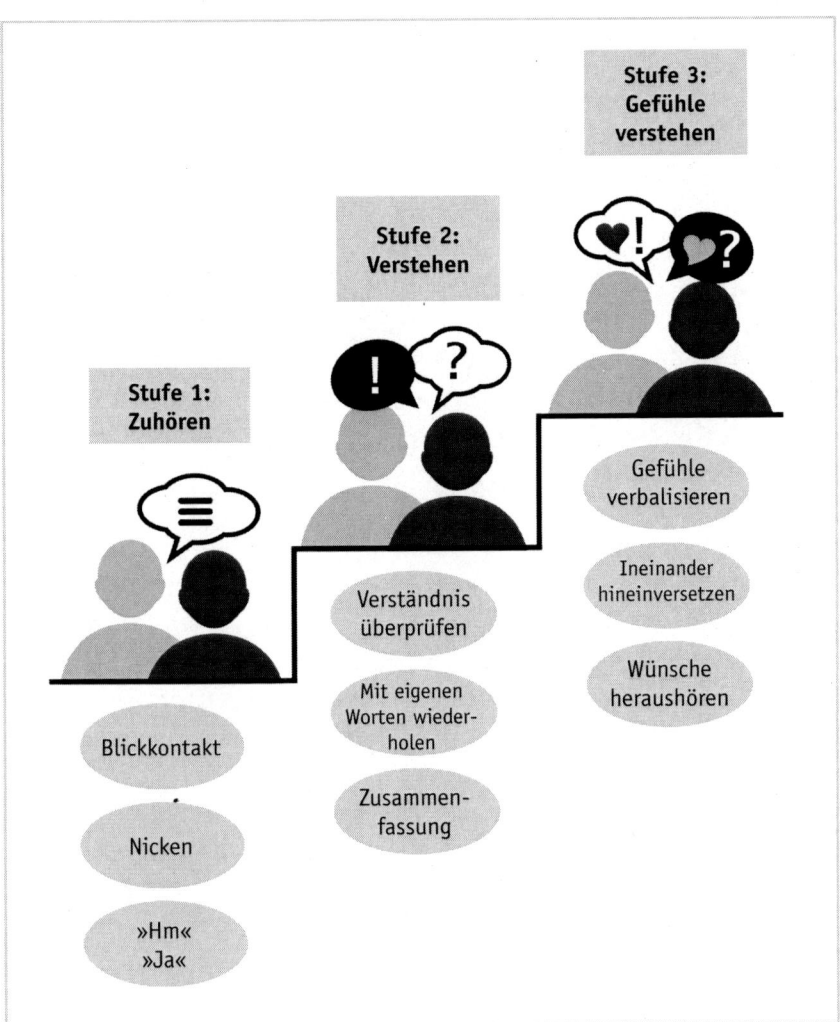

Abbildung 10: Aktives Zuhören

Stufe 1: Zuhören

Im Grunde genommen ist die erste Stufe des aktiven Zuhörens etwas Selbstverständliches – wobei im Alltag selbst das nicht immer gewährleistet ist. Denn wie oft sind wir abgelenkt und es gehen uns so viele Dinge durch den Kopf. Dann sind wir mit unseren Gedanken überall, nur nicht bei unserem Gesprächspartner. Im besten Fall fragen wir noch einmal nach, im schlechtesten nicken wir freundlich und hoffen, dass das eben Gesagte nicht ganz so wichtig war und keiner unsere gedankliche Abwesenheit bemerkt hat. Dass wir bei Nicht-Zuhören gar nicht in die weitere Feinarbeit zu gehen brauchen, ist auch klar. Lassen Sie uns als Basis einer guten Gesprächskultur also davon ausgehen, dass wir dem Gesprächspartner konzentriert zuhören und unsere Aufmerksamkeit auch durch Blickkontakt, Kopfnicken und Ähnliches zeigen.

Stufe 2: Verstehen

Jetzt kommt unsere winterliche Berglandschaft von vorhin ins Spiel. Denn auch, wenn ich noch so aufmerksam zuhöre – ich setze das Gehörte ganz automatisch in meinen persönlichen Rahmen. Aus diesem Grund ist es wichtig, in der zweiten Stufe des aktiven Zuhörens das eigene Verständnis zu überprüfen: »Habe ich meinen Gesprächspartner auch richtig verstanden?« Das geschieht, indem ich das Gehörte in eigenen Worten zusammenfasse. Auf diese Weise können Missverständnisse ausgeräumt werden. Und auch der Gesprächspartner erhält durch die Zusammenfassung noch einmal Klarheit und kann seine Aussage gegebenenfalls noch korrigieren beziehungsweise ergänzen.

Stufe 3: Gefühle verstehen

Ganz häufig liegt des Pudels Kern in schwierigen Gesprächen eben nicht im Bereich der Zahlen, Daten und Fakten. Freilich werden diese gerne angeführt. Schließlich klingt das dann ja auch viel professioneller. Doch letzten Endes geht es ganz häufig um Werte, die verletzt und Gefühle und Bedürfnisse, die nicht wahrgenommen werden. Entdecken kann ich diese, wenn ich mich – nachdem ich gut zugehört und mein Verständnis sichergestellt habe – in meinen Gesprächspartner hineinversetze, Gefühle, die ich wahrnehme, verbalisiere und mögliche Wünsche herausarbeite.

Für jeden Gesprächsleiter stellt das »aktive Zuhören« eine wirkungsvolle Technik dar, um die Teilnehmer dabei zu unterstützen, Missverständnisse, die im Raum stehen, auszuräumen und Konflikte zu deeskalieren.

Hat man die Technik des aktiven Zuhörens parat, so kann man sie jederzeit situativ und spontan anwenden. Und genau das braucht es in der agilen Moderation: Tools und Gesprächstechniken, die ohne Vorbereitung und exklusiven Materialbedarf nutzbar sind und die Teilnehmer dabei unterstützen, ihrem Besprechungs- und Workshop-Ziel Schritt für Schritt näherzukommen.

8.3 Konstruktiv und wertschätzend – heikle Situationen durch Feedback deeskalieren

In Workshops und Meetings geht es mitunter heiß her – auch dann, wenn sie offiziell gar kein Etikett »Konfliktmoderation« tragen. Als Moderator ist es in solchen Situationen besonders wichtig, einen kühlen Kopf zu bewahren und die Beteiligten souverän, konstruktiv und wertschätzend mit Hilfe von deeskalierenden Methoden zu unterstützen. Hierzu gehört neben dem aktiven Zuhören, welches Sie gerade kennengelernt haben, und den vielfältigen Fragen mithilfe des Perspektivenwechsels, die Sie alle im Kapitel 4 (siehe Seite 93) dieses Buches finden, auch die Feedback-Technik. Feedback zu geben heißt, dem anderen eine Rückmeldung über sein Verhalten zu geben.

Eine kurze Vorbemerkung zum Thema Feedback
Auch wenn wir uns manchmal davor scheuen: Kritische Punkte anzusprechen, darf kein Tabu sein! Gerade wenn man in agilen Prozessen schnell reagieren und entscheiden muss, laufen Dinge manchmal nicht auf Anhieb

rund. Der Prozess kann aber nur dann zielorientiert weiterlaufen, wenn man an dieser Stelle offene und konstruktive Worte findet. Sei es, was fachliche Dinge angeht, sei es, was das Verhalten untereinander betrifft. Unternehmen, die es geschafft haben, eine konstruktive und lebendige Feedback-Kultur zu etablieren, haben die besten Voraussetzungen, auch in agilen Prozessen erfolgreich zu agieren. Wird der Überbringer schlechter Nachrichten hingegen postwendend sanktioniert, dann geht mit seinem Frust hierüber auch eine direkte Lernerfahrung einher: »Ich halte einfach beim nächsten Mal den Mund und denk mir meinen Teil!« Das ist natürlich nachvollziehbar, für das Unternehmen allerdings auf Dauer völlig fatal! Es gibt leider gleich mehrere prominente Beispiele, in denen Unternehmen gigantische wirtschaftliche Folgen erlitten haben, weil Fehler zwar von den Fachleuten erkannt – aber nie kommuniziert wurden.

Feedback ist also sehr nützlich und bringt den anderen weiter. Allerdings nur dann, wenn es konstruktiv gegeben wird. Doch wenn's brennt, dann greifen die Beteiligten eher in eine ganz andere Schublade. Was dann abgefeuert wird, hat leider häufig wenig mit konstruktivem Feedback zu tun. Und wenn richtig Dampf im Kessel ist, bleibt dabei dann auch die gute Kinderstube auf der Strecke.

»Das hat jetzt einfach raus gemusst!« oder »Ich bin halt ehrlich!« Schon klar! Wenn es dabei aber persönlich und verletzend wird, stellt sich schon die Frage, wem damit geholfen ist. Und natürlich schraubt sich durch solch einen verbalen Angriff die Eskalation fleißig weiter nach oben und die Auswirkungen werden immer gravierender.

Erinnern Sie sich noch an die zwei Wirklichkeiten von Paul Watzlawick? Es gibt keine objektive Wahrheit! Doch es gibt unsere subjektive Wahrheit – und die wird in aufgebrachtem Zustand dem Gesprächspartner gerne einmal entgegengeschleudert, ohne dabei zu realisieren, dass dies lediglich die ganz persönliche Sicht der Dinge ist, in der sich die belegbaren Fakten mit den eigenen Interpretationen und Bewertungen kräftig vermischen.

Tauchen solche Situationen im Meeting oder Workshop auf, gilt es zu de-eskalieren. Und hier ist der Moderator gefordert. Eine gute Möglichkeit, den Dialog zu entschleunigen und auf eine konstruktive Ebene zu bringen, bietet die 3-F-Feedback-Technik von Josef W. Seifert (Seifert 2009: 98):

Grundsätzlich ist Feedback eine Rückmeldung darüber, wie das Verhalten einer Person auf andere wirkt. Das Besondere dieses 3-F-Schemas liegt darin, dass der Empfänger durch die Art der Rückmeldung eben nicht persönlich angegriffen und verletzt wird. Möglich wird das durch die Trennung der unterschiedlichen Wirklichkeiten. Seifert spricht hier von den Fakten und den Folgen.

Fakten im Feedback

Der Feedbackgeber schildert zunächst seine Beobachtungen anhand der belegbaren Zahlen, Daten und Fakten. Er verzichtet dabei auf jede Bewertung. Auch Vermutungen und Wünsche werden in dieser Phase ausgeklammert.

Beispiel:

»Mir ist aufgefallen, dass die Besprechungen seit September einmal statt zuvor zweimal im Monat angesetzt wurden …«
»Ich habe gesehen, dass Sie die Bestellbestätigungen per Mail versenden …«

Folgen im Feedback

Fakten bleiben selten ohne Folgen. Diese dürfen nicht nur – sie sollen sogar thematisiert werden. Nur eben separiert. Während dieser Phase beschreibt der Feedbackgeber deshalb, was die im ersten Schritt geschilderten Fakten bei ihm auslösen, was sie für ihn bedeuten. Auch hier sind Vermutungen, Vorwürfe und Forderungen fehl am Platz. Hierbei ist es besonders wichtig, dass er immer bei der eigenen Person, den eigenen Befürchtungen und den eignen Befindlichkeiten bleibt und diese auch als Ich-Botschaft artikuliert.

Beispiel:

»Das macht mich unsicher, weil ich nicht weiß, wie ich in dieser Situation am besten vorgehen soll.«

»Ich fühle mich unwohl mit dieser neuen Regelung, da ich jetzt keinen festen Ansprechpartner mehr habe.«

Fragen im Feedback

Es gibt nicht die eine Wahrheit. Deshalb ist es wichtig, nicht nur die eigene Perspektive zu betrachten, sondern auch den anderen zu fragen, ob er das Gesagte nachvollziehen und verstehen kann.

Beispiel:

»Was sagen Sie dazu?«

»Wie sehen Sie das?«

Im Idealfall wird diese Art Feedback zu geben von den Teilnehmern selbst aktiv genutzt. Nun entspricht diese Aufspaltung der Wirklichkeiten allerdings so gar nicht unserer gewohnten Art zu sprechen. Deshalb braucht es ein wenig Übung und am besten auch eine visualisierte Erinnerung. Für Teams, die sich regelmäßig in gleicher Zusammensetzung treffen, ist es deshalb überaus sinnvoll, die 3-F-Feedback-Technik als Kommunikationsregel zu verabschieden. Hierzu empfehle ich folgende vier Schritte:

1. Verdeutlichung der zwei Wirklichkeiten, damit die Teilnehmer verstehen, warum es wichtig ist, die beiden Ebenen zu trennen.
2. Vorstellung des 3-F-Schemas.
3. Vereinbarung der Gruppe, Rückmeldungen künftig auf diese Weise zu geben.
4. Visualisierung für zukünftige Meetings. Sei es auf Flipchartpapier an der Wand, als Tischaufsteller oder als kleine laminierte Kärtchen für jeden Teilnehmer.

Mir ist an dieser Stelle besonders wichtig, dass die Teilnehmer den Sinn dieser Feedbackform nachvollziehen können. Verstehe ich, warum ich etwas tun soll, dann gebe ich mir Mühe, dies auch so in die Praxis umzusetzen. Sehe ich dieses Vorgehen hingegen als Moderationsspielchen oder empfinde es gar als Schikane, werde ich mich innerlich dagegen sträuben.

Ich habe unlängst ein Team von drei Kolleginnen durch eine Konfliktmoderation begleitet. Bereits im Vorgespräch wurde mir klar, dass die drei ganz unterschiedliche Lebensumstände, Werte und Erwartungen an ihre berufliche Aufgabe hatten. Und dann habe ich etwas gemacht, was ich so in der Moderation noch nie praktiziert habe: Ich habe mich für einen Moment aus meiner Moderatorenrolle verabschiedet und zu Beginn unseres Workshops einen Input vermittelt: Das Thema, welches ich den drei Sachbearbeiterinnen näherbringen wollte, waren die beiden Wirklichkeiten nach Paul Watzlawick. Und anhand einer kleinen Übung konnten sie diese unterschiedlichen Wirklichkeiten auch gleich erleben. Bei meinen drei Teilnehmerinnen der Konfliktmoderation hat dieser Einstiegsimpuls große Wirkung hinterlassen. Danach war es einfacher, die kritischen Punkte auf konstruktive und wertschätzende Weise anzusprechen. Im Nachgespräch hat mir die Vorgesetzte übrigens erzählt, dass dies genau der Punkt war, von dem die Drei ihr gleich am nächsten Tag erzählt hatten.

Wenn die Teilnehmer eines Workshops oder einer Meetingrunde diese Art und Weise Feedback zu geben (noch) nicht verinnerlicht haben, ist es die Aufgabe des Moderators, an dieser Stelle durch gezielte Fragen zu unterstützen. Diese Fragen können folgendermaßen lauten:

Zu den Fakten:
»Was genau haben Sie gehört?«
»Was haben Sie gesehen?«

Und wenn es den Teilnehmern schwerfällt, sich auf die Fakten-Ebene zu begeben:

»Wenn ich als Fremder – ohne jedes Hintergrundwissen – diese Szene beobachtet hätte, was hätte ich dann gehört und gesehen?«

Zu den Folgen:
»Was hat das bei Ihnen ausgelöst?«
»Wie ist es Ihnen dabei ergangen?«

Zu den Fragen an den anderen Gesprächspartner:
»Wie haben Sie das erlebt?«
»Was sagen Sie dazu?«

Durch diese Feedback-Technik wird der Gesprächspartner nicht persönlich angegriffen. Die Eskalationsspirale wird gestoppt.

9.
Störungsmanagement –
in schwierigen Situationen auf
Kurs bleiben

9.1 Störungen über und unter der Wasseroberfläche

Für mich ist es eine große Freude zu moderieren und Menschen auf dem Weg zu ihrer eigenen Lösung zu begleiten. Dabei empfinde ich es immer als besonders berührend, wenn es mir gelingt, die Teilnehmer durch herausfordernde Situationen zu führen. Keine Frage, dass der Weg dorthin oft steinig und anspruchsvoll ist. Aber am Ende hat es sich noch immer gelohnt!

Solche anspruchsvollen und zuweilen auch kritischen Momente erlebt man in Moderationen immer wieder. Und manchmal auch dann, wenn man nicht damit rechnet. Dann gilt: Ruhe bewahren! Mit einem kühlen Kopf und einer guten Portion Zuversicht gelingt es am besten, die Situation konstruktiv zu lösen.

Zu erkennen sind kritische Situationen meist durch Störungen. Und die gilt es entsprechend zu beachten:

Störungen haben Vorrang!
Diese bekannte Regel gehört zur themenzentrierten Interaktion (TZI), die die Psychotherapeutin Ruth Cohn entwickelt hat. Sicherlich hat der eine oder andere von Ihnen diese Regel schon häufig gehört. Und das ist auch gut so. Schließlich ist dieser vermeintlich alte Hut eine der Grundvoraussetzungen für ein funktionierendes Miteinander in Workshop oder Meeting!

Störungen nehmen sich ihren eigenen Raum. Bearbeiten wir sie nicht, ziehen sie die komplette Aufmerksamkeit der Teilnehmer auf sich. Ein konstruktives Arbeiten ist erst dann wieder möglich, wenn die Störung ausgeräumt ist.

Doch Vorsicht – man muss nicht immer operieren, manchmal reicht auch ein Pflaster!

Nicht jede Störung deutet automatisch auf eine große Moderations-herausforderung hin! Werden sie erst wahrgenommen, lassen sich manche Störungen so schnell beheben, wie sie gekommen sind. Schauen Sie also genau hin.

Es gibt unterschiedliche Arten von Störungen, die Einfluss auf die Moderation nehmen können. Erinnern Sie sich noch an das Eisbergmodell? Auch die Ursachen für Störungen bestehen zu einem kleinen Teil aus offenbaren und zu einem weitaus größeren Teil aus verborgenen Faktoren. Zu den offenbaren Störungen gehören beispielsweise Störungen von außen. Das können technische Pannen, Probleme mit dem Raumklima oder Geräusch-probleme sein. Ich zähle hierzu auch die körperlichen Störungen wie Mü-digkeit, Hunger oder Durst. Denn auch wenn ich diese als Moderator nicht immer direkt sehen kann, so ist die Ursache für den Betroffenen doch klar zu erkennen und zu benennen.

Keine Frage, auch wenn solche Störungen nicht auf tiefgreifende Probleme hindeuten, wirken sie sich dennoch unmittelbar auf Ihre Gruppe aus: Ich habe die Handwerker noch freundlich gegrüßt, als sie morgens gemeinsam mit mir ins Seminarhotel gekommen sind. Und ich habe mir auch nichts ge-dacht, als sie vor mir an der Rezeption den Schlüssel für das Hotelzimmer bekommen haben, in dem die Reparaturen durchzuführen waren. Wer konn-te auch ahnen, dass sie ihre Wirkungsstätte für den Vormittag direkt über unserem Seminarraum gefunden hatten! Die anfänglichen Arbeiten waren wohl noch recht leise möglich, doch dann wurden schwerere Gerätschaften aufgefahren. Der Lärm war definitiv nicht mehr zu überhören! Freilich bin ich nicht gleich wie eine Furie aus dem Raum, sondern habe ein, zwei Minu-ten gewartet ... Aber meine Hoffnung war vergebens. Wie schön, dass mein Ansprechpartner im Hotel sofort Verständnis gezeigt hat und wir eine gute Lösung gefunden haben. Die Arbeiter haben ihre Arbeit unterbrochen und während unserer Mittagspause zu Ende gebracht.

Ich kann einfach nicht so tun, als ob nichts wäre. Störungen wirken auf die Teilnehmer und ziehen ihre Aufmerksamkeit auf sich. Nun ist das bei dem geschilderten Beispiel natürlich nicht zu überhören gewesen. Aber es gibt viele »offenbare« Störungen, bei denen ich als Moderator dennoch nicht sofort im Bilde bin. Gerade die körperlichen Befindlichkeiten der Einzelnen sind zwar für die Teilnehmer selbst, nicht aber für mich als Moderator automatisch zu erkennen. Deshalb ist es wichtig, dass ich die Teilnehmer gut wahrnehme. Bin ich nicht nur mit mir und meinem Plan beschäftigt, sondern vielmehr auf die Gruppe fokussiert, dann fällt es mir auch auf, wenn die Teilnehmer tiefer in die Stühle sinken, immer wieder gähnen oder auf die Uhr schauen. Nehme ich solche – meist nonverbalen – Signale wahr, gilt es, diese zu thematisieren. Und meist liegt die Lösung dann auch auf der Hand. Eine kurze Pause oder ein Öffnen des Fensters können hier Wunder wirken.

Tipp

Hören Sie nie auf, selbst Teilnehmer zu sein! Nutzen Sie immer wieder die Chance, selbst im Stuhlkreis oder am Besprechungstisch zu sitzen. Besonders wertvoll ist das natürlich bei Moderationen, denn dann können Sie auch fachlich hinzulernen, aber auch Trainings und Fortbildungen unterstützen Sie dabei, Ihre Wahrnehmung als Teilnehmer lebendig zu halten.

Ich selbst habe dabei folgende Erfahrung gemacht: Bin ich als Moderatorin oder Trainerin unterwegs, brauche ich immer viel Wasser. Zu Süßigkeiten greife ich aber nahezu nie. Bin ich hingegen Teilnehmerin, dann gebe ich der süßen Verführung viel zu oft nach. Daraus sollte man nicht unbedingt schließen, dass es für die Figur günstiger ist, eine Gruppe zu führen, als selbst Teilnehmer zu sein. Aber an diesem einfachen Beispiel wird deutlich, dass die Bedürfnisse je nach Rolle komplett anders sein können. Also nutzen Sie die Chance und wechseln Sie immer wieder die Perspektive!

Nicht immer lassen sich Störungen durch ein Gespräch mit der Rezeption, eine kurze Pause oder etwas frische Luft ausräumen. Immer wenn die Störungen unterhalb der »Wasseroberfläche« angesiedelt sind, wird es anspruchsvoll, denn hier geht es »ans Eingemachte«: Ängste, Vorbehalte, persönliche Widerstände, verletzte Gefühle – all das kann eine große Rolle spielen, wenn wir ein Team beispielsweise in einem Veränderungsprozess begleiten. Auch wenn wir die Ursache mitunter nicht direkt benennen können – als aufmerksamer Moderator merken wir an der Atmosphäre schnell, dass »etwas in der Luft liegt«. Meist gehen auch kleinere und größere verbale und nonverbale Zeichen damit einher.

Hier heißt es zu intervenieren – auch wenn unser ursprünglicher Plan für das Meeting möglicherweise ein anderer war: Störungen haben Vorrang. Doch schon das Ansprechen ist für den Moderator nicht ganz so leicht. Ja, manchmal stellt man sich dann schon die Frage: »Will ich dieses Fass jetzt wirklich aufmachen?« Aber wem ist geholfen, wenn wir dies nicht tun? Auch wenn wir hierfür jede Menge Zeit investieren, den geplanten Moderationsfahrplan in die Tonne treten und spontan einen neuen Weg einschlagen müssen. Ich komme nicht umhin dies zu tun, wenn ich als Moderator mit dem Selbstverständnis arbeite, dass

- mein Tun sinnhaft sein und
- die Teilnehmer am Ende des Tages einen Schritt weitergekommen sein sollen.

9.2 Störungen ansprechen – sofort, empathisch und bestimmt

Auch wenn wir das sichere Gefühl haben, dass etwas in der Luft liegt – wir wissen zunächst nicht genau, was los ist. Um nicht unseren eigenen Hypothesen auf den Leim zu gehen, müssen wir also unsere Wahrnehmung überprüfen. Eine gute Möglichkeit dies zu tun, stellen die beiden Methoden dar, die Sie im 8. Kapitel (siehe Seite 195 ff.) kennengelernt haben:

- Aktives Zuhören (vorausgesetzt, die kritischen Punkte wurden verbal geäußert)
- 3-F-Feedbacktechnik

Durch diese deeskalierenden Methoden wird vermieden, dass zusätzliche Missverständnisse die Situation noch negativ anheizen.

Durch die Bearbeitung der Störung hat sich der Gesprächsfokus verändert: Weg vom fachlich-sachlichen Thema hin zur Bearbeitung der Störung. Josef F. Seifert spricht hier von »Meta-Kommunikation« – das Sprechen über die (Gesprächs-)Situation. Um hierbei konstruktiv vorzugehen, helfen zwei Regeln, die ebenfalls aus der »themenzentrierten Interaktion« von Ruth Cohn stammen (Seifert 2015: 157):

Ich statt man

Wer kennt es nicht, das typische »man weiß ja, dass diese Vorgehensweise das Ergebnis verfälscht«, »man hört da ja so einiges«, »man kann sich ja vorstellen, wo das hinführt«.

Mit einer Formulierung in ICH-Form übernimmt jeder selbst Verantwortung für seine Aussage und kann sich nicht hinter allgemeinen Formulierungen verstecken. Fordern Sie Ihre Teilnehmer also auf, ihre Aussagen in ICH-Form zu machen.

Sprich für dich – nicht für andere

Wie gut, wenn man nicht selbst der »Buhmann« ist! Es fällt schon leichter, für andere zu sprechen, als selbst die Verantwortung zu übernehmen. Beispielsätze wie: »Diese Entscheidung wird ja vom Controlling absolut kritisch gesehen«, oder »Den Mitarbeitern der Produktion gefällt das ja gar nicht ...« kennen wir alle. Und – Hand aufs Herz – manchmal rutscht einem doch tatsächlich selbst einmal ein solcher Satz heraus.

In bestehenden Teams ist es sehr sinnvoll, diese beiden Regeln einzuführen und gut sichtbar im Meetingraum aufzuhängen. Doch selbst wenn Sie diese Formulierungsregeln vereinbart haben, kann es durchaus passieren, dass die Teilnehmer im Eifer des Gefechtes schon einmal von »man« oder »den anderen« sprechen. Unsere Aufgabe als Moderator ist es, dann zu intervenieren und die Teilnehmer sanft, aber bestimmt darauf aufmerksam zu machen.

Wir machen das nicht nur, um blind irgendwelche bewährten Regeln einzuhalten und »weil man das halt in der Moderation so macht«, sondern vielmehr, weil wir dadurch klarere und ehrlichere Botschaften haben und damit auch konkreter und konstruktiver umgehen können als mit Verallgemeinerungen und Hypothesen.

9.3 Konstruktive Strategien für den Umgang mit schwierigen Situationen

Obgleich jede Situation individuell ist und gerade beim Umgang mit kritischen Situationen sicherlich keine wasserfeste Parade-Lösung aus dem Ärmel gezaubert werden kann, so gibt es doch Empfehlungen, die Sie bei der Bewältigung anspruchsvoller Moderationssituationen unterstützen.

Tipps für den konstruktiven Umgang mit schwierigen Moderationssituationen

Gruppe diskutiert über die Methode

Als Moderator bin ich Experte für den Prozess. Wenn ich mich im Rahmen eines Workshops beispielsweise für eine Kreativitätstechnik entscheide, habe ich mir das auch gut überlegt und halte diese Arbeitsweise für diese Gruppe und für dieses Thema auch für sinnvoll und zielführend. Nach meiner Erfahrung ist es ausschlaggebend, wie eine Methode angekündigt wird. Das gilt insbesondere dann, wenn die Gruppe es nicht gewohnt ist, auf diese Art zu arbeiten. Mit einem zuversichtlichen Zuspruch im Sinne von: »Auch wenn das für Sie sicherlich ungewohnt ist, lassen Sie sich einmal darauf ein und probieren Sie es aus. Ich bin überzeugt, Sie werden auf diese Weise Ergebnisse erarbeiten, mit denen Sie am Ende des Tages sehr zufrieden sind.« Die richtige Balance von Charme, Zuversicht und Selbstsicherheit ist hier gefragt. Mir ist es auf diese Weise nahezu immer gelungen, die Gruppe für die von mir gewählte Methode zu gewinnen.

Hat die Gruppe eine gute Idee, die möglicherweise zielführender scheint als meine eigene, dann darf ich über meinen Schatten springen und der Gruppe folgen. Denn Sie wissen – wir machen situativ immer das, was Sinn macht.

Verweigert sich eine Gruppe komplett, dann muss ich das zunächst akzeptieren. Möglicherweise ist die Methode nur ein sogenannter »Nebenkriegsschauplatz« und das eigentliche Problem liegt viel tiefer. Dann gilt: Ansprechen.

Das Engagement der Gruppe ist gering

Mangelndes Engagement der Teilnehmer kann einerseits auf zu geringe Handlungsenergie zu diesem Thema hindeuten (Moderationscheck, Kapitel 2.1, siehe Seite 44 ff.). In solchen Situationen ist den Teilnehmern der Ernst der Lage beziehungsweise die eigene Einflussmöglichkeit auf das zu bearbeitende Thema häufig nicht bewusst. Hier kann durch die im Kapitel 2.1 (siehe Seite 44 ff.) ausführlich beschriebenen Möglichkeiten ein neues Bewusstsein geschaffen werden:

- aufrütteln
- eigene Wahrnehmung kundtun
- zu Perspektivenwechsel anregen

Zu geringes Engagement kann aber auch darauf hindeuten, dass ein anderes – unter der symbolischen Wasseroberfläche liegendes – Thema gerade an erster Stelle steht. Wenn die Teilnehmer möglicherweise Angst um ihren eigenen Arbeitsplatz haben, dann werden sie weder Herz noch Hirn für vermeintlich wichtige Sachthemen haben. Auch hier gilt: Ansprechen. Manchmal reicht es schon, wenn die Teilnehmer ihre Sorgen und Ängste artikulieren können. So tun, als ob nichts wäre, bringt keinen einen Schritt weiter.

Teilnehmer projizieren ihren Ärger auf den Moderator

Moderationen finden nicht immer aus heiteren Anlässen statt. Gerade für Workshops sind häufig schwierige Veränderungsprozesse der Grund. Damit ist natürlich auch eine persönliche Betroffenheit der Teilnehmer verbunden. Mir ist es in solchen Situationen wichtig, mit viel Empathie und wenig Spielchen in die Moderation zu gehen. Das funktioniert meistens richtig gut. Aber mir ist es auch schon passiert, dass Teilnehmer ihren Ärger über die Situation auf mich projiziert und mich verbal provoziert haben. Und irgendwo kann man es bis zu einem gewissen Grad ja auch verstehen. Also – kühlen Kopf bewahren und souverän reagieren! Gegenangriffe und Rechtfertigungen sind hier tabu. Mit aktivem Zuhören kann ich zunächst die Gefühle des Teilnehmers verbalisieren und hierfür auch Verständnis zeigen. Danach thematisiere ich meine Aufgabe als Angebot und stelle es ihm frei, es anzunehmen oder aber die Moderation zu verlassen.

10.
Ran ans Werk – Checklisten und Tipps für Ihre erfolgreiche Moderation

10.1 Checklisten für die Klärungs- und Einladungsphase

Eine gute Vorbereitung ist entscheidend für den Erfolg einer Moderation. Leider ist die Zeit dafür oft nur knapp bemessen. Mit den nachfolgenden Checklisten navigieren Sie sicher durch den Vorbereitungsprozess und legen so die Basis für ein gelungenes Arbeiten.

Die Querverweise zu den Kapiteln bieten Ihnen hierbei die Möglichkeit, die für Sie besonders wichtigen Punkte direkt und zielgerichtet zu vertiefen.

Top 1: Das Ziel im Fokus

Zu klärende Punkte	Lösungsansatz	Mit wem abzustimmen?	Termin
Welches Ziel soll durch die Moderation erreicht werden?			
Welches sind die grundlegenden **Rahmenbedingungen**, die bei der Lösungsfindung eingehalten werden müssen (zum Beispiel bereits feststehende Managementscheidungen oder Budgetvorgaben? (Kapitel 2.4)			
Ist die **Offenheit und realistische Umsetzungschance** für die zu erarbeitenden Ergebnisse seitens des Auftraggebers beziehungsweise des Vorgesetzten gegeben? (Kapitel 2.4) – wenn nicht: Ausstieg			
Wie viel **Kreativität und Innovation** ist bei der Erreichung des Ziels gefordert? Eine Splittung des Treffens zur bewussten Nutzung der Abstandsphase sollte bei kniffeligen Themen unbedingt eingeplant werden. (Kapitel 6.1, Kreativitätsregel 2)			

Top 2: Die Teilnehmer im Fokus

Zu klärende Punkte	Lösungsansatz	Mit wem abzustimmen?	Termin
Wer soll dabei sein?			
Ist mit einer konstruktiven **Arbeitsatmosphäre** zu rechnen oder ist ein hohes Konflikt-potenzial zu erwarten? (Kapitel 2.1) – bei zu hoher Aggression: Ausstieg			
Sind die **vorgesehenen Teilneh-mer** fachlich und hierarchisch die Richtigen?			
Macht es Sinn, den **Teilnehmer-kreis zu erweitern**, um auf zusätzliche fachliche Expertise, inspirierende Außensicht oder hierarchische Entscheidungskom-petenz zurückgreifen zu können? (Kapitel 2.3)			
Welche **Vorabinformationen** benötigen die Teilnehmer, um engagiert mitarbeiten zu können?			

Top 3: Organisatorische Vorbereitung

Zu klärende Punkte	Lösungsansatz	Mit wem abzustimmen?	Termin
Ist der Termin für die Moderation fix oder wird er über eine **Auswahlabfrage** vereinbart?			
Wann und **wo** wird das Treffen – und auch das mögliche Folgetreffen – stattfinden?			
Welcher **Zeitrahmen** ist jeweils sinnvoll und realisierbar?			
Wie viele **Räume** (zum Beispiel für Kleingruppenarbeiten) werden benötigt?			
Über welche **Ausstattung** sollen die Räume verfügen (Beamer, Leinwand, Whiteboard, Pinnwand, Flipchart)?			
Welche **Bestuhlung** wird gewünscht?			
Wie wird die **Verpflegung** geregelt?			
Wer übernimmt die **Reservierung** und **Organisation**?			
Welche Möglichkeiten gibt es, um positiv auf die **Workshop-Atmosphäre** einzuwirken und die Teilnehmer zu überraschen? (Kapitel 3.5)			

Top 4: Einladung

Zu klärende Punkte	Lösungsansatz	Mit wem abzustimmen?	Termin
Wer verschickt die **Einladungen** an die Teilnehmer?			
Wann und in **welcher Form** sollen diese verschickt werden?			
Wie erfolgt die **Rückmeldung**?			
Durch welche **zusätzlichen Informationen** können die Teilnehmer über die obligatorischen Angaben (Datum, Dauer, Veranstaltungsort und Thema) hinaus vorbereitet und inspiriert werden?			
Gibt es ein **Erinnerungsschreiben** kurz vor der Veranstaltung?			

10.2 Checklisten für die methodische und persönliche Vorbereitung

Wenn die grundlegenden Punkte geklärt, die Rahmenbedingungen gesetzt und die organisatorischen Details in die Wege geleitet sind, gilt es, sich selbst fit zu machen für die Durchführung der Moderation! Und auch hier hat es sich bewahrheitet: Eine gute Vorbereitung ist die halbe Miete! Auch wenn es durchaus passieren kann, dass der ursprüngliche Fahrplan kurzerhand an neue Gegebenheiten angepasst werden sollte – je besser ich mich im Vorfeld mit den Zielen, den Teilnehmern und meiner persönlichen Rolle und Verantwortung auseinandergesetzt habe, desto leichter fällt mir auch das spontane Agieren.

Top 1: Die Zusammenarbeit in die richtigen Bahnen lenken			
Zu klärende Punkte	Lösungsansatz	Mit wem abzustimmen?	Termin
Ist es die Gruppe gewohnt, moderiert zusammenzuarbeiten oder ist es wichtig, die **Rolle des Moderators** ausführlich zu erläutern? (Kapitel 1.1)			
Welche **Regeln sollen für die Zusammenarbeit** thematisiert werden?			
Wie werden diese **Regeln festgehalten und visualisiert**?			
Was gilt es noch zu beachten, um die Teilnehmer gut abzuholen und auf ein **konstruktives, zielführendes und aktives Arbeiten vorzubereiten**?			

Top 2: Methodische Vorbereitung

Zu klärende Punkte	Lösungsansatz	Mit wem abzustimmen?	Termin
Durch welche **Einstiegsgestaltung** lassen sich die Anforderungen aus Top 1 gut und sinnvoll umsetzen? (Kapitel 3.4, Schritt 1)			
In welche weiteren methodischen **Arbeitsschritte** lässt sich die Gesamtmoderation unterteilen (Moderationsplan), damit am Ende des Tages **das gesetzte Ziel auch erreicht** werden kann? (Kapitel 3.3)			
Was ist der **Sinn eines jeden Arbeitsschritts**? Welches Ziel soll damit erreicht werden?			
Mit welcher klugen **Fragestellung** erreichen Sie dieses Ziel? (Nutzen Sie hierbei die sieben Fragetechniken aus Kapitel 4)			
Welche klassische, kreative oder agile **Methode** kann Sie in den einzelnen Arbeitsschritten sinnvoll unterstützen? (Kapitel 5, 6 und 7)			
Mit welchem **Material** soll gearbeitet werden? (Kapitel 5.1)			

Welche **Visualisierungen** (zum Beispiel der Fragestellung) lassen sich bereits im Vorfeld vorbereiten und mithilfe welcher Medien und Materialien soll das geschehen (Flipchart, Whiteboard, Beamer, ...)?			
Welcher **Zeitbedarf** ist je Arbeitsschritt nötig?			
Ist der Gesamtablauf **abwechslungsreich**, sodass die Teilnehmer über die komplette Moderation immer wieder neu angesprochen und inspiriert werden?			
Mit welchem **Schlusspunkt** gelingt es, die Moderation zu einem guten Ende zu bringen? (Kapitel 3.4, Schritt 6)			

Top 3: Frühzeitig an die Ergebnissicherung denken

Zu klärende Punkte	Lösungsansatz	Mit wem abzustimmen?	Termin
In welcher Form sollen die **Ergebnisse festgehalten** werden (handgeschriebene To-do-Liste, digitaler Maßnahmenplan, Foto-protokoll)?			
Ist ein **Verlaufsprotokoll** nötig? Und wenn ja: Wer protokolliert in welcher Form?			
Gibt es ein **Fotoprotokoll**? Und wenn ja: Wer fotografiert mit welchem Fotoapparat?			
Was passiert mit den Ergebnissen nach dem Workshop?			
Wie werden die Themen **Umsetzbarkeit und Nachhaltigkeit der Ergebnisse** im Workshop verankert?			

Top 4: Persönliche Vorbereitung

Auf das gilt es während der Moderation zu achten:	Persönliche Umsetzungshilfen
Seien Sie sich Ihrer Rolle und Verantwortung als **methodischer Helfer** bewusst und widerstehen Sie der Verlockung, in die Expertenrolle zu rutschen!	
Bereiten Sie sich auf die Teilnehmer vor und **lassen Sie sich schon im Vorfeld gedanklich auf die Gruppe ein**: Welche Herausforderungen beschäftigen Ihre Teilnehmer gerade, mit welchen Vorbehalten und Befürchtungen könnten sie in das Treffen kommen?	
Nutzen Sie den **Gastgeber-Bonus** und machen Sie sich noch vor dem Eintreffen der Teilnehmer mit den Räumlichkeiten vertraut.	
Setzen Sie sich im Vorfeld mit möglichen Störungen auseinander, denn **Störungen haben immer Vorrang.** (Kapitel 9)	
Gute methodische und organisatorische Vorbereitung schenken Ihnen während der Moderation **Selbstbewusstsein, Ruhe und Souveränität** – gerade auch dann, wenn es anders kommt als gedacht.	
Häufig erfordert es die Gegebenheiten, situativ vom ursprünglichen Fahrplan abzuweichen. Seien Sie **aufmerksam und präsent**, dann werden Sie solche Situationen erkennen und flexibel reagieren.	

ecklisten für die methodische und :rsönliche Nachbereitung

...... Workshop zu Ende ist, verlassen die Teilnehmer erfahrungsgemäß recht zügig den Raum. Es warten wichtige Aufgaben, dringend zu führende Telefonate oder noch zu erreichende Verkehrsmittel auf dem Weg in den Feierabend.

Für den Moderator hingegen ist der Workshop mit dem Schlusswort noch nicht beendet.

Top 1: Wenn der Workshop zu Ende ist

Zu klärende Punkte:	Mit wem abzustimmen?	Bemerkungen
Was passiert mit den **beschriebenen Materialien**? Werden diese archiviert oder nach dem Abfotografieren weggeworfen? **Anmerkung:** Falls diese weggeworfen werden sollen, bitte erst, wenn die Teilnehmer gegangen sind!		
Wer übernimmt das Abhängen und stellt sicher, dass **keine beschriebenen Materialien zurückgelassen werden** (Sicherheits- und Geheimhaltungsaspekt)?		
Welche **organisatorischen Aufgaben** gibt es vor dem Verlassen noch zu erledigen?		

Im Rahmen von Moderationen werden häufig persönliche oder unternehmenssensible Themen bearbeitet. Alles, was gesprochen wird – so meist die Absprache am Anfang der Moderation – hat im Raum zu bleiben. Die gleiche Sorgfalt ist unbedingt an den Tag zu legen, wenn es um die schriftlich festgehaltenen Punkte geht! Dass dies nicht immer so ist, zeigt die folgende (wahre) Geschichte.

In einem größeren Seminarhotel fanden Tür an Tür die Workshops für zwei unterschiedliche Unternehmen statt. Man kannte sich nicht. Aufgrund der Beschriftung im Hotel war allerdings für jedermann ersichtlich, zu welchen Unternehmen die jeweiligen Gruppen gehörten. Als die eine Gruppe nach langem Tagwerk in den wohlverdienten Feierabend ging, war der Meetingraum nebenan bereits verlassen. Abgeräumt war er allerdings noch nicht. Das konnte jeder sehen, denn die Türe stand weit offen. Für einen Teilnehmer waren die Ergebnisse, die dort erarbeitet worden waren und noch alle Wände zierten, besonders interessant. Seine Frau arbeitete beim Wettbewerber des Unternehmens, das dort den ganzen Tag innovative Ideen produziert hatte.

Dies gilt übrigens auch bei internen Meetings. Materialien gehören abgenommen und Whiteboards sauber gewischt.

Top 2: Inhaltliche und methodische Reflexion

Zu reflektierende Punkte:	Mein persönlicher Eindruck:	Wen kann ich hierzu um Rat bzw. Feedback bitten?
Wurde die **Zielsetzung** erreicht?		
Falls nicht – woran könnte es gelegen haben?		
Was hat **methodisch besonders gut funktioniert**?		
Was lief hinsichtlich der Methode bzw. Fragestellung **nicht optimal**?		
Welche **alternativen Methoden bzw. Fragestellungen** wären hier möglicherweise Erfolg versprechender gewesen?		

Top 3: Persönliche Reflexion

Zu reflektierende Punkte:	Mein persönlicher Eindruck:	Wen kann ich hierzu um Rat bzw. Feedback bitten?
War ich gut **vorbereitet**? Wenn nicht – wie kann ich das beim nächsten Mal besser machen?		
Bin ich meiner **Verantwortung als neutraler Moderator** gerecht geworden? Wenn nicht – in welchen Situationen bin ich aus der Rolle gefallen und wie kann ich diese Klippen umschiffen?		
Bin ich gut auf die **Teilnehmer eingegangen**? Wenn nicht – wie kann ich die Bedürfnisse der Teilnehmer künftig besser wahrnehmen und darauf eingehen?		
Habe ich mich **sicher und souverän** gefühlt? Wenn nicht – was genau hat meine Verunsicherung ausgelöst und wie kann ich solche Situationen künftig bewältigen?		

10.4 Feedback lässt uns wachsen!

Natürlich haben wir als reflektierte Menschen sowohl ein eigenes Bild von uns selbst und unserer Wirkung auf andere als auch eine gesunde Einschätzung davon, wie uns unsere Arbeit von Fall zu Fall gelungen ist. Wenn Sie darüber hinaus mit den eben vorgestellten Checklisten für die persönliche und inhaltliche Nachbereitung arbeiten, wird Ihr Bild von Ihrer Arbeit als Moderator noch umfassender und detaillierter. Schulen und vertiefen Sie diesen wachen und aufmerksamen Blick! Und achten Sie dabei gerade auch auf die Zwischentöne. Denn Sie wissen ja – keine Handlung bleibt ohne Auswirkung! Wenn Sie die Wirkung Ihrer ausgewählten Moderationstools, Ihrer Fragestellungen und vor allen Dingen Ihres Verhaltens auf die Teilnehmer gut wahrnehmen können, dann entwickelt sich aus diesen vielfältigen Beobachtungen ein umfassender Erfahrungsschatz, aus dem Sie jedes Mal aufs Neue schöpfen können.

Schulen Sie Ihren Blick für Ihre Wirkung auf andere

Unser nutzbarer Erfahrungsschatz speist sich aus Dingen, die uns bewusst sind, die wir nachvollziehen können. Manche Beobachtungen allerdings können wir nicht deuten. Wir nehmen möglicherweise die Auswirkungen wahr, aber die Ursachen hierfür erschließen sich uns nicht. Und dann gibt es da noch die Dinge, die uns überhaupt nicht auffallen. Trotz guter Beobachtung wird es selbst bei reflektierten Menschen immer einen gewissen Unterschied zwischen dem Bild, welches andere von uns haben, und unserem ganz persönlichem Selbstbild geben.

Vielleicht kennen Sie ja das Johari-Fenster (Schmidt 2006: 232). In diesem nach den beiden Erfindern Joe Luft und Harry Ingram benannten grafischen Modell wird der Unterschied zwischen Selbst- und Fremdwahrnehmung deutlich.

	Mir bekannt	Mir nicht bekannt
Anderen bekannt	Öffentliche Person	Blinder Fleck
Anderen nicht bekannt	Private Person	Unbewusster Bereich

Abbildung 10: Johari-Fenster

Anhand dieser vier Quadranten erkennen Sie, dass sich das Selbstbild aus den beiden linken Feldern zusammensetzt. Geprägt wird es von Verhaltensweisen und Eigenschaften, die Ihnen bekannt und bewusst sind. Einen Teil hiervon geben Sie öffentlich preis (öffentliche Person). Anderes wiederum behalten Sie für sich (private Person).

Der Quadrant des Unbewussten bezieht sich auf die Dinge, von denen weder andere wissen noch Sie selbst (unbewusster Bereich). Ich habe ja einen Bank-Hintergrund und nehme für diesen Bereich deshalb gerne mein Banküberfall-Beispiel: Angenommen, ich wäre damals als Bankberaterin in einer Filiale gewesen und plötzlich hätte ein Bankräuber vor mir gestanden – ich habe keine Ahnung, wie ich reagiert hätte. Und auch Sie können nur Vermutungen anstellen. Dies ist Gott sei Dank ein unentdecktes Terrain geblieben.

Das Fremdbild umfasst zum einen den Bereich der Verhaltensweisen und Eigenschaften, die Ihnen bekannt sind und die Sie auch öffentlich preisgeben (öffentliche Person). Hier haben wir eine Übereinstimmung mit dem Selbstbild. Doch es gibt noch einen weiteren Quadranten und der stellt das interessanteste Feld dieses Modells dar: Hierin finden sich nämlich Punkte, die anderen durchaus bekannt sind, Ihnen aber nicht. Das erinnert so ein wenig an Schmachtfilme, in denen alle Protagonisten und natürlich alle Zuschauer wissen, dass der Mann seine Frau betrügt. Nur eine Person weiß es nicht. Und das ist die Ehefrau. Dieses Quadranten nennt man auch den blinden Fleck.

Je größer dieser blinde Fleck ist, desto weniger kann man sich seiner Wirkung bewusst sein. Man agiert nach bestem Wissen und Gewissen – und tritt dabei doch von einem Fettnäpfchen ins andere. Also verlockend klingt das nicht! Die einzige Möglichkeit, seinen eigenen blinden Fleck zu verkleinern, besteht darin, die Sicht der anderen aktiv zu erfragen.

Feedback verringert den blinden Fleck

Sie haben im Kapitel 8.3, Seite 205 ff., die 3-F-Feedbacktechnik als wertvolle Ergänzung der konstruktiven Gesprächsführung kennengelernt. Hier unterstützen wir als Moderatoren die Teilnehmer dabei, sich gegenseitig Rückmeldung zu fachlichen Dingen und insbesondere auch zu ihrem Verhalten geben.

Und auch wir sollten uns selbst immer wieder eine Rückmeldung zu unserer Arbeit einholen. Feedback gibt uns wertvolle Ansatzpunkte, um uns kontinuierlich weiterzuentwickeln und zu wachsen. Scheuen wir uns davor oder verschließen wir sogar die Augen, so laufen wir Gefahr, dass wir Dinge tun, derer wir uns nicht bewusst sind und die uns auch nicht gefallen würden. Wir wissen es nur einfach nicht!

Nun bin ich ja eine Schwäbin. Bei uns im Ländle gibt es den bekannten Ausspruch, der auf Hochdeutsch folgendermaßen lauten würde: »Nicht gerügt ist genug gelobt!« Leider ist die Tendenz, sein Augenmerk bei den Rückmeldungen auf die vermeintlich kritischen Punkte zu legen, nicht nur in Württemberg weit verbreitet. Das ist für die Stimmung natürlich ungünstig. Aber nicht nur das: Erst wenn mir Dinge, die ich gut mache, auch bewusst sind, kann ich sie gezielt einsetzen und nutzen! Positives Feedback ist deshalb für die persönliche Weiterentwicklung immens wichtig! Gegeben wird es übrigens auch großzügig. Aber leider von den Feedbacknehmern gerne überhört. Denn die haben ja gerade etwas anderes zu tun: Sie stürzen sich auf die Punkte, die man möglicherweise verbessern könnte. Sicher ist das ebenfalls wichtig. Aber eben nicht nur!

Ich merke das bei meinen Teilnehmern immer wieder: Die Menschen haben so viele positive blinde Flecke! Freuen Sie sich darauf, auch diese zu entdecken!

Ich möchte Ihnen an dieser Stelle noch einmal ans Herz legen, Feedback als das zu nehmen, was es ist: Die Perspektive eines anderen Menschen. Nicht weniger. Aber auch nicht mehr. Diese Rückmeldungen ermöglichen es uns, den eigenen blinden Fleck zu verkleinern. Aber auch hier gilt: Es gibt nicht die eine Wahrheit. Und so ist auch das Feedback des anderen nicht die eine Wahrheit. Es ist seine subjektive Wahrheit. Einen Satz, den ich hierzu gehört habe, möchte ich gerne mit Ihnen teilen: »Feedback ist ein Geschenk. Und es wird Ihnen auf einem Silbertablett serviert. Entscheiden Sie selbst, ob Sie es annehmen möchten oder nicht.«

Meine bedeutendste Feedbackerfahrung bezieht sich tatsächlich auf den Moderationskontext.

Es war vor vielen Jahren im Rahmen einer fünftägigen Moderationsweiterbildung. Während dieser Zeit habe ich meine ersten intensiven Berührungspunkte mit der Moderation gehabt und mich sofort für diese Form der Beteiligung begeistert. Wir waren eine wunderbare Gruppe und das gemeinsame Lernen hat jede Menge Spaß gemacht. Irgendwann stand dann auch das Thema »Gesprächsführung« auf unserem Programm. Nach dem fachlichen Input ging es ans Üben. Und damit das Ausprobieren auch mit einem entsprechenden Anspruch versehen war, durfte jeder Einzelne die gesamte elfköpfige Gruppe durch eine lebhafte Diskussion begleiten. Ich hatte durchaus Respekt vor dieser Aufgabe! Mit etwas weichen Knien habe ich dann losgelegt. Trotz meiner Anspannung hat es ganz gut funktioniert. Entsprechend positiv war dann auch das Feedback am Ende der Übungseinheit. Ein junger Mitteilnehmer hat mir zunächst einige konkrete Dinge aufgezählt, die ihm an meiner Gesprächsführung gut gefallen haben. Und dann kam ein Satz, den ich bis heute nicht vergessen habe: »... wenn Du einem Teilnehmer signalisierst, dass er an der Reihe ist, dann zeigst Du mit dem ausgestreckten Zeigefinger auf ihn – und dann ist der auch noch rot ...« Hätte ich nicht gesessen, ich glaube, ich wäre direkt umgefallen. Mit dem ausgestreckten Zeigefinger auf die Teilnehmer zu zeigen – also mehr Lehrmeister geht ja gar nicht! Ich war entsetzt. Das musste ich erst einmal verdauen! Ich konnte über mich nur den Kopf schütteln. Aber trotz meines Entsetzens war ich unendlich dankbar. Stellen Sie sich einmal vor, er hätte mich schonen wollen. Es wäre ja nicht auszudenken. Womöglich würde ich heute noch als Schulmeister-Moderatorin durch die Lande ziehen. Und das Schlimmste: Ich hätte keinen blassen Schimmer davon! Diese Info war wirklich ein unwahrscheinlich wertvolles Geschenk für mich. Natürlich gewöhnt man sich so etwas nicht mal im Handumdrehen ab. Aber ich wusste ja jetzt um meine Veranlagung und hatte die volle Aufmerksamkeit darauf. Und wollte der Zeigefinger dann mal wieder vorschnellen (was oft genug vorkam), dann habe ich direkt die restlichen Finger nachgeschoben und meine Teilnehmer sahen statt des Zeigefingers fortan eine ausgestreckte Hand. Aber – Sie erinnern sich – er hatte noch etwas gesagt: »Und dann ist der auch noch rot!« Ja klar!! Und genau dieser Zusatz macht die Geschichte zu meinem liebsten Feedback-Beispiel! Denn einerseits habe ich einen persönlichen »blinden Fleck« kennengelernt und aktiv und erfolgreich daran gearbeitet, andererseits habe ich den zweiten Teil der Feedback-Botschaft ohne ihn anzunehmen gerne wieder aufs Silbertablett zurückgelegt. Denn auch wenn ihm augenscheinlich keine rot lackierten Fingernägel gefallen – mir schon.

Feedback von Teilnehmern

Von Ihren Teilnehmern können Sie Feedback am Ende von Moderationen einholen. Sei es in einer offenen Feedbackrunde oder durch einen vorbereiteten Feedbackbogen. Klar macht es keinen Sinn, nach 15-minütigen Kurzmeetings noch von jedem Teilnehmer Feedback einzuholen. Aber von Zeit zu Zeit lohnt es sich auch hier, eine Reflexionsschleife zu drehen. Kündigen Sie es im Vorfeld an und verlängern Sie den Meetingtermin um zehn Minuten.

Sind Sie im Kollegenkreis häufiger mit der Durchführung von Meetings oder Workshops betraut, dann bitten Sie doch einen Kollegen im Vorfeld der Moderation, auf gewisse Dinge zu achten und Ihnen dann im Anschluss im Zweiergespräch hierzu eine Rückmeldung zu geben. In diesem vertrauten Setting werden persönliche Themen leichter angesprochen als in der großen Runde. Bei meinem Zeigefinger war es sicherlich einerseits dem kollegialen Lernkontext und andererseits der überaus vertrauensvollen und freundschaftlichen Atmosphäre geschuldet, dass dieses Feedback auch in der großen Runde möglich war.

Suchen Sie den Austausch mit anderen Moderatoren

Im kollegialen Lernumfeld lässt sich Feedback nicht nur leichter geben, sondern auch leichter annehmen. Das Setting ist in diesem geschützten Rahmen einfach ein komplett anderes! Deshalb ist es mir persönlich immer wichtig, mich regelmäßig mit Kollegen auszutauschen. Dazu ermutige ich auch meine Absolventen. Und so findet zum Beispiel in meinem Ausbildungsinstitut mit dem Boxenstopp einmal jährlich ein Inspirationstag für Teilnehmer und Absolventen statt. Auch andere Lehrinstitute bieten solche Möglichkeiten an. So werden Sie mich beispielsweise im Januar jedes Jahr beim »Lernforum Großgruppenmoderation« bei Dr. Matthias zur Bonsen in Oberursel antreffen. Sollten Sie auch einmal dort sein, sprechen Sie mich unbedingt an!

Aber es geht auch im kleinen Kreis. Erst diese Woche habe ich per SMS ein Foto und liebe Grüße aus Köln erhalten. Dort haben sich drei Absolventen zu einer Lerngruppe zusammengeschlossen und treffen sich regelmäßig, um sich auszutauschen und miteinander und voneinander zu lernen. Dabei haben die Drei noch nicht einmal ihre Ausbildung gemeinsam gemacht. Sie haben aber voneinander erfahren und aktiv den Kontakt gesucht. Ich finde das großartig!

Suchen Sie sich Gleichgesinnte und wachsen Sie gemeinsam!

10.5 Vorsicht, Perfektionsfalle!

Ich denke, es ist uns allen durchaus bewusst, dass eine Moderation nicht mal eben mit links gemacht wird. Die Stolperfallen sind allgegenwärtig. Und auch ich habe sie nicht nur gesehen und umgangen, sondern bin auch das eine oder andere Mal direkt hineingetreten. Ja klar, das kann auch trotz guter Vorbereitung passieren. Aber genau wie eine einzelne Schwalbe noch keinen Frühling macht, so macht ein Tritt in den Fettnapf nicht automatisch ein schlechtes Meeting. Wichtig ist jedoch, dass man mit solchen Situationen offen und konstruktiv umgeht und vor allen Dingen, dass man aus den gemachten Erfahrungen lernt.

Agilität lebt von einer konstruktiven Fehlerkultur! Und hier gilt es, bei sich selbst anzufangen! Und wenn dann einmal in Ihrer Moderation etwas nicht so ideal läuft, nehmen Sie es bewusst wahr. Aber verzweifeln Sie nicht daran. Sehen Sie es vielmehr als persönliche Lernchance! Manch kleiner Fehler bewahrt uns vor einem größeren, den wir ohne diese Erfahrung möglicherweise gemacht hätten.

Ob beruflich oder privat – perfektionistische Ansprüche gibt es in allen Bereichen. Gerade in der Weiterbildung ist das manchmal eine Gratwanderung. Wir haben einerseits eine große Verantwortung gegenüber unseren Teilnehmern und so versteht es sich von selbst, dass wir ihnen nicht unerfahren und unqualifiziert entgegentreten möchten. Das führt aber andererseits bei sehr perfektionistisch veranlagten Menschen leider mitunter dazu, dass sie sich nie gut genug ausgebildet und vorbereitet fühlen und ihr eigener Anspruch kontinuierlich ihrem pragmatischen Tun im Wege steht. Und man lernt eben nicht nur in der Theorie, sondern vor allen Dingen durch das praktische Anwenden der Lerninhalte!

Es macht natürlich einen Unterschied, in welchem Umfang Sie moderieren. Wenn Sie sehr häufig größere und kleinere Gruppen auf dem Weg zu ihren Lösungen begleiten, macht eine fundierte Moderationsausbildung durchaus Sinn. Denn hier bekommen Sie neben dem umfassenden fachlichen Input auch den geschützten Rahmen, um das Erlernte anzuwenden und sich durch die praktischen Übungen und die Rückmeldungen der anderen weiterzuentwickeln.

Und dennoch haben Sie, wenn Sie dieses Buch lesen, auch kurzfristig die Chance, mit kleinen Schritten zu starten!

»Will man Schweres bewältigen, muss man es leicht angehen.«

Berthold Brecht (1898 – 1956), deutscher Dramatiker und Lyriker

Nehmen Sie dieses Zitat als Ansporn und überlegen Sie, wie Sie starten möchten: Wenn Sie mit der Leitung eines Meetings betraut sind, haben Sie zahlreiche Möglichkeiten, kleine Sequenzen einmal anders aufzuziehen. Sei es bei der Vorbereitung des Meetings, bei der Gesprächsführung oder durch die Einbindung einer Sequenz der Kleingruppenarbeit.

Doch bei allem, was Sie tun: Nehmen Sie sich nicht zu viel auf einmal vor. Probierens Sie es lieber mit kleinen Häppchen – konkret, realisierbar und leicht verdaulich. Sie werden überrascht sein, welche Wirkung Sie damit erzielen!

10.6 Vertrauen in die eigene Arbeit und die kollektive Weisheit der Gruppe

Wir hatten in einer Ausbildung einmal einen »Seminarhund«. Sam war ein absoluter Prachtkerl! Der gemütliche Knuddelbär hatte im Sturm die Herzen aller Teilnehmer und Trainer erobert. Ein Teilnehmer allerdings reihte sich eher hinten in die Reihe der Fans ein. Nach einer persönlichen Hunde-Erfahrung hatte er nicht ganz so den Drang, ihn zu streicheln und mit ihm zu spielen. Doch Sam hatte sich scheinbar in den Kopf gesetzt, ausnahmslos alle zu seinen Fans machen zu wollen. Und schnell schien ihm klar geworden zu sein, wen er hierzu noch überzeugen musste …

Warum erzähle ich Ihnen diese Geschichte? Ich möchte Sie mit diesem netten Erlebnis dafür sensibilisieren, dass unser Umfeld unsere Haltung registriert. Bewusst und unbewusst. Ganz egal, ob wir das nun wollen oder nicht. Hier war es der Instinkt eines Hundes. Und natürlich spüren auch unsere Teilnehmer, ob wir selbst von einer Sache überzeugt sind oder nicht. Ob wir Angst haben, unsicher sind oder das sowieso alles reichlich sinnlos finden. Und dann gibt es da ja noch die sich selbst erfüllende Prophezeiung …

Wenn Sie der Überzeugung sind, dass eine Moderation Sinn macht und die Gruppe weiterbringt, dann werden Sie das auch auf die Gruppe ausstrahlen. Haben Sie hingegen Zweifel, dann sollten Sie diese im Vorfeld thematisieren und sich intensiv damit auseinandersetzen. Der Moderationscheck ist hierfür Ihr wertvollstes Handwerkszeug! Manchmal bedarf es nur weniger Änderungen in entscheidenden Bereichen des Moderationschecks und schon wird aus einer Alibi-Veranstaltung ein konstruktiver und zielführender Workshop!

Die vielfältigen Methoden und Fragetechniken, die Sie in diesem Buch kennengelernt haben, bieten Ihnen eine Fülle von Möglichkeiten, Ihre Teilnehmer auch in spontanen Moderationssituationen lösungsorientiert zu begleiten. Vertrauen Sie auf diesen Schatz und auf Ihre Fähigkeit, im richtigen Moment das situativ Richtige zu tun.

Denken Sie daran: Die Sicherheit des Moderators fokussiert sich nicht in erster Linie auf die eigene Person! Sie basiert vielmehr auf der Zuversicht, dass …

… es die Gruppe aus eigener Kraft schaffen wird, gemeinsam zu guten und konstruktiven Lösungen zu gelangen und

... ich als Moderator in den entscheidenden Momenten das Richtige tun werde, um die Gruppe hierbei gut zu unterstützen.

Vertrauen Sie auf das vielfältige Know-how Ihrer Teilnehmer. Die kollektive Intelligenz ist die Basis partizipativen Tuns! Eine Geschichte, die dies plakativ verdeutlicht und Sie gerne in Zukunft immer daran erinnern darf, dass es viele Sichten braucht, um ein großes Ganzes zu erfassen, ist die Geschichte vom Elefanten. Hierzu gibt es in Büchern und im Netz gleich mehrere Versionen. Ich habe die folgende für Sie ausgewählt (Schmidt 2006: 269):

Die Blinden und der Elefant

Es waren einmal fünf weise Gelehrte. Sie alle waren blind. Diese Gelehrten wurden von ihrem König auf eine Reise geschickt und sollten herausfinden, was ein Elefant ist. Und so machten sich die Blinden auf die Reise nach Indien. Dort wurden sie von Helfern zu einem Elefanten geführt. Die fünf Gelehrten standen nun um das Tier herum und versuchten, sich durch Ertasten ein Bild von dem Elefanten zu machen.

Als sie zurück zu ihrem König kamen, sollten sie ihm nun über den Elefanten berichten. Der erste Weise hatte am Kopf des Tieres gestanden und den Rüssel des Elefanten betastet. Er sprach: »Ein Elefant ist wie ein langer Arm.«

Der zweite Gelehrte hatte das Ohr des Elefanten ertastet und sprach: »Nein, ein Elefant ist vielmehr wie ein großer Fächer.«

Der dritte Gelehrte sprach: »Aber nein, ein Elefant ist wie eine dicke Säule.« Er hatte ein Bein des Elefanten berührt.

Der vierte Weise sagte: »Also ich finde, ein Elefant ist wie eine kleine Strippe mit ein paar Haaren am Ende«, denn er hatte nur den Schwanz des Elefanten ertastet.

Und der fünfte Weise berichtet seinem König: »Also ich sage, ein Elefant ist wie eine riesige Masse mit Rundungen und ein paar Borsten darauf.« Dieser Gelehrte hatte den Rumpf des Tieres berührt.

Nach diesen widersprüchlichen Aussagen fürchteten die Gelehrten den Zorn des Königs, konnten sie sich doch nicht darauf einigen, was ein Elefant wirklich ist. Doch der König lächelte weise: »Ich danke Euch, denn ich weiß nun, was ein Elefant ist: Ein Elefant ist ein Tier mit einem Rüssel, der wie ein langer Arm ist, mit Ohren, die wie Fächer sind, mit Beinen, die wie starke Säulen sind, mit einem Schwanz, der einer kleinen Strippe mit ein paar Haaren daran gleicht und mit einem Rumpf, der wie eine große Masse mit Rundungen und ein paar Borsten ist.«

Die Gelehrten senkten beschämt ihren Kopf, nachdem sie erkannten, dass jeder von Ihnen nur einen Teil des Elefanten ertastet hatte und sie sich zu schnell damit zufriedengegeben haben.

Nutzen Sie die kollektive Intelligenz der Teilnehmer Ihrer Workshops und Besprechungen und freuen Sie sich auf innovative Ergebnisse, tragfähige Lösungen und ehrliches Commitment. Denn Lösungen, die gemeinsam erarbeitet wurden, lassen sich auch gemeinsam tragen!

Literaturverzeichnis

Born, Jan; Ulrich Kraft (2004): Lernen im Schlaf – kein Traum. Spektrum der Wissenschaft, Ausgabe November 2004, Seite 44–51, Heidelberg.

Hinnen, Hannes; Paul Krummenacher (2012): Großgruppeninterventionen. Konflikte klären – Veränderungen anstoßen – Betroffene einbeziehen. Schäffer-Poeschel Verlag für Wirtschaft – Steuern – Recht GmbH, Stuttgart.

Keicher, Imke; Kirsten Bühl (2008): Sie bewegt sich doch! Neue Chancen und Spielregeln für die Arbeitswelt von morgen. Orell Füssli Verlag AG, Zürich.

Klebert, Karin; Einhard Schrader; Walter G. Straub (2006): Moderations-Methode. Das Standardwerk. 3. Auflage, Windmühle Verlag, Hamburg.

Kounios, John; Mark Beeman (2015): Das AHA-Erlebnis. Deutsche Verlags-Anstalt, München.

Mencke, Marco (2006): 99 Tipps für Kreativitätstechniken. Ideenschöpfung und Problemlösung bei Innovationsprozessen und Produktentwicklung. Cornelsen Verlag Scriptor GmbH & Co. KG, Berlin.

O'Connor, Joseph; John Seymour (2004): Neurolinguistisches Programmieren: Gelungene Kommunikation und persönliche Entfaltung. 14. Auflage, VAK Verlags GmbH, Kirchzarten bei Freiburg.

Preußig, Jörg (2015): Agiles Projektmanagement. Scrum, Use Cases, Task Boards & Co. Haufe-Lexware GmbH & Co KG, Freiburg.

Radatz, Sonja (2003): Beratung ohne Ratschlag. Systemisches Coaching für Führungskräfte und BeraterInnen. 3. Auflage, Verlag Systemisches Management, Wien.

Schlicksupp, Helmut (1999): 30 Minuten für mehr Kreativität. GABAL Verlag, Offenbach.

Schmidt, Thomas (2006): Kommunikationstrainings erfolgreich leiten. managerSeminare Verlags GmbH, Bonn.

Seifert, Josef W. (2015): Visualisieren Präsentieren Moderieren. Der Klassiker. 35. Auflage, GABAL Verlag, Offenbach.

Seifert, Josef W. (2009): Moderation und Konfliktklärung. Leitfaden zur Konfliktmoderation. 2. Auflage, GABAL Verlag, Offenbach.

Watzlawick, Paul (2015): Wie wirklich ist die Wirklichkeit? Wahn, Täuschung, Verstehen. 16. Auflage, Piper Verlag GmbH, München/Berlin.

Zukunftsinstitut Frankfurt (2012): Megatrend Dokumentation.

Michaela Stach

Michaela Stach ist seit 1995 Unternehmerin.

Nach zahlreichen fundierten Ausbildungen im Bereich Coaching, Change Management, Moderation und Groß-gruppenmoderation spezialisierte sie sich auf den Schwer-punkt „Systemische Moderation". Dieser Ansatz verbindet die systemische Haltung und Herangehensweise mit der Methodik der partizipativen Moderation. Aufgrund ihrer auf diesem Gebiet gewonnenen Erkenntnisse gründete sie 2011 die Akademie für Systemische Moderation, deren Aufgabe es ist, für Fach- und Führungskräfte aus Wirtschaft und Non-Profit Organisationen die neuesten Erkenntnisse und Methoden der systemischen Moderation zugänglich zu machen, damit sie ihre beruflichen Herausforderungen noch besser meistern können.

Während der Ausbildung zum Systemischen Moderator vermittelt Michaela Stach ihren Teilnehmern ein praxiserprobtes Know-how, mit dem sie dazu befähigt werden, in ihrem Unternehmen systemisch zu moderieren und damit selbst innerhalb ihrer Organisation lösungsorientiert, wertschätzend und effizient zu agieren.

Durch den gewonnenen Perspektivenwechsel können innovative Ideen gefunden und tragfähige Lösungen vereinbart werden. So wird Commitment selbst in anspruchsvollen Situationen möglich.

Michaela Stach führt selbst Moderationen in Klein- und Großgruppen durch. Sie ver-mittelt darüber hinaus ihr umfangreiches Moderationswissen in Inhouse-Seminaren und Einzelberatungen und bildet seit Gründung der Akademie gemeinsam mit ihrem Ausbildungsteam zweimal jährlich systemische Moderatoren aus.

Michaela Stach zeichnet sich in ihren Ausbildungen und Moderationen durch ihre Begeisterung, ihren Humor, ihre Empathie und ein hohes Maß an Wertschätzung aus. Ihr Moderationsstil ist geprägt durch die Freude an sinnstiftenden Vorgehensweisen. Nicht selten ergeben sich daraus ungewöhnliche Lösungen, mit denen die Teilnehmer sich gut identifizieren können.

„Will man Schweres bewältigen,
muss man es leicht angehen."

(Bertold Brecht)

Agile Unternehmen

Valentin Nowotny
**Agile Unternehmen – fokussiert,
schnell, flexibel**
Nur was sich bewegt, kann
sich verbessern
1. Auflage 2016

ca. 336 Seiten; Broschur; 29,80 Euro
ISBN 978-3-86980-330-2; Art.-Nr.: 985

Dauerhaft werden nur agile Unternehmen erfolgreich sein –
Unternehmen, die fokussiert, schnell und flexibel neue Geschäftsfelder
entdecken und entwickeln und bereit sind, traditionelle Kontexte zu
verlassen. Doch was ist eigentlich Agilität? Welche Voraussetzungen
müssen agile Unternehmen mitbringen? Und welche Konsequenzen
hat das für Management, Führungskräfte und Mitarbeiter(-innen)?
Antworten darauf liefert dieses Buch.
Der Diplom-Psychologe und langjährige Projektmanager Valentin
Nowotny zeigt in seinem neuen Buch, wie Unternehmen die Kraft
agilen Denkens und Handelns erfolgreich nutzen. Anschaulich und
fundiert erklärt er die psychologischen Grundprinzipien agiler Methoden
wie zum Beispiel Scrum, Kanban oder Design Thinking. Nowotny
beschreibt die agilen Werte, Prinzipien und Rituale, die passende
Unternehmenskultur sowie mögliche Wege einer Transformation
unterschiedlicher Bereiche, Abteilungen und Arbeitsgruppen.
Schritt für Schritt zeigt er, wie der erforderliche Prozess gestaltet
werden muss, um alle Hierarchieebenen eines Unternehmens in ein
agiles System einzubinden. Reduziert auf die wesentlichen Denk- und
Handlungsprinzipien agiler Systeme zeigt dieses Buch anschaulich, wie
der Erfolg von zeitgemäßen, digital aufgestellten Unternehmen, zum
Beispiel Apple, Facebook, Google und Spotify, für Unternehmen jeder
Größenordnung und Branche versteh- und nutzbar wird.

ad hoc visualisieren

Malte von Tiesenhausen
ad hoc visualisieren
Denken sichtbar machen
1. Auflage 2015

ca. 192 Seiten; Broschur; 24,80 Euro
ISBN 978-3-86980-298-5; Art.-Nr.: 930

Wünschst du dir, deine Ideen verständlicher und auf den Punkt zu vermitteln? Du möchtest beim Arbeiten an Lösungsstrategien die Potenziale aller Teilnehmer voll ausschöpfen? Oder du möchtest bei Vorträgen oder Präsentationen Inhalte so vermitteln, dass deine Zuhörer den Informationsfluten nicht durch geistige Abwesenheit trotzen? Dann ist dieses Buch die Lösung ...

... denn ein Bild sagt mehr als tausend Worte.
Das gilt für die immer komplexer werdende Welt mehr denn je. Wer das Visualisieren beherrscht, findet schnell eine gemeinsame Ebene und einen gemeinsamen Zugang, der nicht durch Worte verdeckt ist.

Du kannst gar nicht zeichnen? Du hast kein Talent? Falsch!
Mit diesem Buch wirst du den Zeichner in dir entdecken. Nutze die Visualisierung, um nachhaltiger zu erklären, und als ganz neue Ressourcen bei der Ideenentwicklung. Der Cartoonpreisträger und Visualisierungsexperte Malte von Tiesenhausen inspiriert dich in diesem Buch, selbst den Stift in die Hand zu nehmen und ihn nicht wieder loszulassen. In unterhaltsamer und aufgelockerter Art und Weise stellt er Methoden und Techniken vor, wie du selbst die Kraft der Bilder nutzt und deinen Fokus auf die Welt erweiterst.

Events professionell managen

Melanie von Graeve
Events porfessionell managen
Das Handbuch für
Veranstaltungsorganisation
4. Auflage 2016

248 Seiten; Broschur; 24,80 Euro
ISBN 978-3-86980-260-2; Art.-Nr.: 942

Events und Veranstaltungen sind ein einzigartiges Mittel, um Aufmerksamkeit zu generieren, zu informieren und für seine Zwecke zu werben. Dabei stehen die Veranstalter unter hohem Erfolgsdruck. Inhalt und Botschaft des Events müssen erlebbar sein, das Event muss sich vom Wettbewerb abheben, Aha-Erlebnisse bieten, Empfehlungswert haben und perfekt funktionieren. All das stellt Event- und Veranstaltungsmanager im Hinblick auf Planung, Organisation und Durchführung vor große Herausforderungen. Die Veranstaltungsexpertin Melanie von Graeve, Autorin mehrerer Fachbücher, hat in diesem Handbuch das komplette Handwerkszeug für Eventmanager zusammengestellt.

Über fünfzig als praktische Kopiervorlagen gestaltete Check- und To-do-Listen, Kalkulations-, Planungs- und Arbeitshilfen helfen in allen Phasen des Events, den Überblick zu behalten. Dieses Buch ist der perfekte Begleiter für alle, die für Planung, Organisation und Durchführung von Events verantwortlich sind.

Mit Checklisten, Kalkulations-, Planungs- und Arbeitshilfen.

Einfach schlagfertig

Petra Schächtele-Philipp, Peter Kensok
Einfach schlagfertig
10 Strategien, die jeder anwenden kann

232 Seiten; 2015; 21,80 Euro
ISBN 978-3-86980-290-9; Art-Nr.: 959

Bücher über Schlagfertigkeit gibt es viele – ultimative Tipps noch viel mehr. Trotzdem kontern wir spätestens bei der nächsten Verbalattacke mit betroffenem Schweigen. Meist fällt uns die passende Antwort gar nicht ein oder wieder einmal zu spät. Wir trauen uns einfach nicht, sind zurückhaltend und stecken deshalb lieber ein, statt uns zu wehren.

Petra Schächtele-Philipp und Peter Kensok zeigen Ihnen in diesem Buch ausgewählte Methoden für schlagfertige Antworten. Denn ein Grundrepertoire an Schlagfertigkeitstechniken kann sich jeder aneignen. Vergeuden Sie keine Zeit mit ausgefeilter Verbalakrobatik, sondern wenden Sie an, was schnell und wirklich funktioniert: Verblüffen Sie beim nächsten Mal Ihr Gegenüber mit Humor und respektvoller Aggression.